认识海洋·中国海洋意识教育丛书

●总主编/盖广生

海中胜景

张 青岛出版社
QINGDAO PUBLISHING HOUSE

认识海洋·中国海洋意识教育丛书

编委会

总 主 编　盖广生

本册主编　田　娟（中国科学院海洋研究所）

编　　委　马继坤　马璀艳　田　娟　刘长琳

邵长伟　肖永双　胡自民　姜　鹏

徐永江　王艳娥　孙雪松　王迎春

康翠苹　郗国萍　崔　颖　丁　雪

PREFACE 前言

　　海洋比陆地更宽广，覆盖着 70% 以上的地球表面积，容纳着地球上最深的地方，见证着沧海桑田的变迁，对地球生态系统的平衡和人类的发展有着不容忽视的影响力。因此，认识海洋、掌握海洋知识显得尤为重要。本套《认识海洋》科普丛书旨在向青少年普及基本的海洋知识，激发青少年对海洋的热爱和探索之情，让青少年树立热爱海洋、保护海洋的意识。

　　《认识海洋》科普丛书共有 12 个分册，分门别类地对海洋进行了全面、系统的介绍。本丛书通俗易懂、图文并茂，实现了精神食粮和视觉盛宴的完美结合。本丛书内的《回澜·拾贝》栏目则是对知识点的拓展和延伸，在进一步诠释主题、丰富读者知识储备的同时，提升读者的阅读趣味，使读者兴致盎然。

　　打开《海中胜景》，呈现在你面前的是一幅幅令人心驰神往的海洋景观图。在这里你可以畅游于阳光明媚的洁净海岸、椰林婆娑的热带海岛、绚丽多彩的珊瑚礁等。纯净的自然美景、独特的风土人情、珍贵的奇异特产……一定会让你目不暇接、惊叹连连！翻开下一页，开启梦幻之旅吧！

　　浩瀚的海，壮阔的洋，自由的梦。让我们一起走进美妙的海洋世界，学习海洋知识，感受海洋魅力，珍惜海洋生物，维护海洋生态平衡，用实际行动保护海洋。

CONTENTS 目录

CONTENTS 目录

绝美的海洋

　　海洋像一位热情的画家，用神奇的画笔描绘了一幅幅美妙的画卷。碧蓝的海水、松软的沙滩、奇异的海岛……这些美丽的海洋景观都散发着海洋的独特魅力，令人向往。

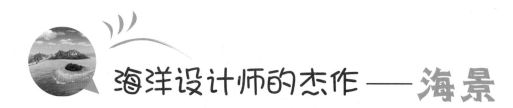

海洋设计师的杰作 —— 海景

　　蓝色的海洋或喧嚣，或宁静，或高雅，或质朴，或水天一色，或波澜壮阔。迷人的海湾、松软的沙滩、奇异的海岛……这所有的一切都是海洋的杰作。海洋是伟大的设计师。

海 水

　　海水是液体矿藏，被视为取之不尽的资源；海水也是气候调节器，掌控着全球季节更替的节奏；海水还是生动的画笔，为地球勾勒出五彩斑斓的背景。无论是沙滩还是海岛，都离不开海水的辛勤滋润。正是有了海水，海洋景色才能熠熠生辉、灿烂夺目。

为什么海水看起来是蓝色的？

　　太阳发出的可见光由红、橙、黄、绿、青、蓝、紫7色光复合而成，每种颜色的光的波长不同。当太阳光照射到海水上时，波长较长的光易被海水吸收，而波长较短的蓝光则会被海水散射或反射，所以大海看起来通常是蓝色的。

沙　滩

　　世界上有许多种类的大大小小的沙滩，或依偎在大陆边缘，或环绕在海岛四周。人们把其中一些松软的沙滩当成乐园，在上面惬意地享受日光浴，进行多种活动，或者静静地体味沙子带给双脚的自在与舒适。世界上的沙滩有棕黄、白色、绿色、褐色、粉红等多种颜色。它们散落在不同的海岸边，装扮着美丽的大海。

海　岛

　　蓝色的海洋世界中有数以万计的海岛。它们面积大小不一，但对自然生态环境的影响突出，为很多生物提供了栖息之所。蜿蜒曲折的海岸线、奇形怪状的岩石、郁郁葱葱的雨林、多种多样的生物……构成了独特的海岛美景图。如今，人类围绕海岛进行的观光度假和休闲娱乐等活动正在蓬勃发展。

海洋生物

海洋是一个巨大的生物资源宝库，里面生活着种类众多的海洋生物。目前，人类已知的海洋生物有 20 多万种。据科学家们估计，全球海洋生物应该在 200 万种左右。千姿百态的海洋生物为人类提供着丰富的食物和工业及医药原料。保护海洋生物的多样性，关系到人类自身的生存和可持续发展。

海浪

海浪是海洋最动情的舞蹈，不仅美丽壮观，而且蕴含着巨大的能量。人们借助多种多样的设备畅游于大海之中，与海浪共舞。帆船、皮划艇、帆板、冲浪等运动无不与海浪息息相关。海上运动成为海洋旅游重要的组成部分。

海滨城市

当今世界，海滨城市凭借优越的地理位置迅速繁荣发展，一座座现代化的海滨城市拔地而起。海滨城市因具有美丽的自然景观和独特的人文景观而成为海洋旅游的重要组成部分。通过这些城市，人们可以充分了解海洋对人类的影响，领略海洋文明的风采。

海洋风俗

几千年来，人类社会在与海洋相处的过程中形成了许多独特的习俗。这些习俗记录着海洋文明的发展轨迹，从某些方面显示出人类与海洋的关系。虽然海洋风俗只是一种表现形式，但它属于海洋人文风景中不可分割的一部分。东南亚的妈祖祭祀文化就是海洋风俗的典型。

建筑景观 沿海城市有很多各具特色的建筑，包括寺庙、码头、海岸旅馆等。

美食 饮食文化是海洋文化的一种。人们在欣赏海中胜景的同时，还乐于享受特色美食。一地的美食特点通常可以反映该地区的文化特色。

妈祖 妈祖是中国和东南亚部分地区渔民心中的海神。据民间传说，她原本是一位普通人，生性善良，扶贫济困，造福民众，在死后被尊为守护渔民的海神。

妈祖雕像

蓬勃发展的新兴产业——海洋旅游业

　　发展海洋旅游业是建设海洋生态文明、实现兴海强国的重要举措，也是旅游全球化的必然要求。这项新兴的海洋产业比传统产业更具吸引力，更能增加滨海国家的外汇收入。这种以海洋资源为基础，包括观光、度假等多种旅游形式在内的产业模式，正在蓬勃发展。

海洋旅游

　　海洋旅游的内容十分广泛，包括海滨观光、度假、疗养、海水浴场、海上体育、海上钓鱼和海底探险等。这些旅游项目都以海洋景观为基础。海洋景观是以海岸和无垠的海洋为主，结合平缓沙滩、特色海岛或魅力海湾甚至特色气候等内容的景观。海洋旅游从海洋景观发展而来，而海洋景观是海洋旅游最重要的组成部分。

蓬勃发展

　　自进入 21 世纪，海洋旅游业就已成为海洋经济的重要产业之一，是很多临海国家的国民经济支柱。全世界旅游收入排名前 20 位的国家中，大部分的国家拥有海洋旅游产业。在热带和亚热带的沿海国家，海洋旅游收入更是呈现出逐年增长的态势。尽管世界不同地区旅游业的起步时间不同，但不可否认的是，海洋旅游业的春天已经来临。

海洋旅游胜地

目前，世界海洋旅游胜地主要集中在地中海地区、加勒比海地区以及东南亚地区。这些地区自然条件优越，带有海洋色彩的人文景观资源也十分丰富，具有强大的吸引力。近年来，世界各滨海国家和地区大都看到了海洋旅游业的广阔前景，纷纷致力于发展本地的海洋旅游产业，其中南太平洋地区和南亚地区的发展尤为迅速。

旅游王国

西班牙是发展海洋旅游业国家中的佼佼者，其海洋旅游的繁荣程度让人惊叹。这主要得益于它独特的自然条件和本国的政策支持。西班牙全国的海岸线长约 3140 千米，被开发成 4 个各具特色的旅游区。这些滨海旅游区沙滩松软，水质清澈，阳光充足，相关设施齐全，吸引了很多人前来休闲度假。早在 20 世纪 80 年代，西班牙年接待游客量就已经超过 3800 万人。

中国海洋旅游业

中国海岸线比较长，海域广阔，与其他国家相比，海滨旅游业毫不逊色。中国的海滨旅游资源遍布南北，比较著名的有大连一带、山东沿海、河北秦皇岛、长江三角洲、珠江三角洲和海南岛等地。旅游旺季来临时，这些风景秀美的海滨胜地通常人山人海。

回澜·拾贝

功能多样 海洋旅游业功能多样，将观光、休闲、度假、娱乐、疗养等有机结合起来，深受游客喜欢。

海南岛 中国海南岛是世界上著名的海滨度假胜地，岛上充满迷人的热带风光。目前，海南岛每年的游客接待量达到几千万人次，旅游收入高达几百亿元。

加勒比海 加勒比海地区热带旅游资源丰富，不仅植被繁多，而且有一些珍禽异兽。加勒比海沿岸的国家大部分把旅游业视为拉动本国经济增长的重要"马车"。

迷人的海湾

　　海洋与陆地相拥的地方，经常会形成风景如画的海湾。凭借优越的地理位置，海湾将海洋美景与陆地人文风景融合起来，创造了海洋中独具特色的胜景。攀牙湾、玛雅湾、青岛湾……这些海湾完美地展现着海洋的美丽，让人流连忘返。

海陆共同孕育的孩子——海湾

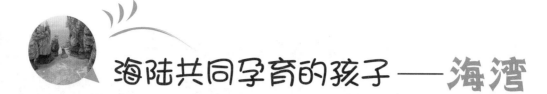

　　地球上蓝色的海洋与形状不一的陆地形成了诸多海湾。海湾三面环陆，大都呈圆弧形，面积比峡湾要大，广泛分布在世界诸多海岸附近。

海　湾

　　世界上的海湾主要分布在北美洲、欧洲和亚洲沿岸，其中面积较大的有 240 多个，知名的大海湾有孟加拉湾、墨西哥湾及波斯湾等。海湾的岸界比较明显，受周围陆地的影响，湾内风浪较小，水体相对平静，因此是很多海港的分布区。

海湾的形成

　　不同的地理条件造就了不同的海湾。它们有的海面平静，风缓水清；有的景色秀丽，引人入胜；有的潮汐丰富，令人惊叹……这些风光各异的海湾是海洋与陆地共同孕育出来的，或受侵蚀而成，或因地质运动导致物质沉积而成，还有的因海平面上升而形成。

海湾的利用

　　海湾自然条件优越，人类充分利用海湾的优势从事多种经济活动。有的海湾变身成避风良港，有的海湾成了物资储存的基地，还有的海湾被开发成著名的风景区。海湾风景区非常受人们追捧，带来的价值不可估量。

芬迪湾风景

回澜·拾贝

　　芬迪湾　北美洲的芬迪湾是世界上潮汐能最丰富的海湾，潮差达21米。当地的旅游业、运输业、渔业非常繁荣。

　　孟加拉湾　面积约为217万平方千米的孟加拉湾是世界上最大的海湾，西靠印度半岛，东临中南半岛，北接缅甸和孟加拉国。

　　环境　海湾风浪扰动小，水体平静，有利于泥沙堆积。

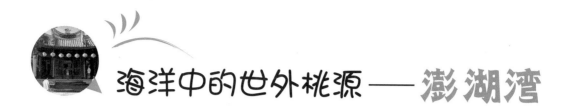

海洋中的世外桃源——澎湖湾

　　位于台湾海峡中部偏台湾本岛一侧的澎湖湾是世界上最美的海湾之一，由澎湖岛和周围的60多个岛屿组成。澎湖湾的美景众多，既有如画的天然岛屿和海湾，又有充满人文特色的历史古迹。以澎湖湾为创作背景的著名歌曲《外婆的澎湖湾》淳朴动人，温情脉脉。

吉贝岛

　　吉贝岛是澎湖列岛北方海域中最大的岛屿，面积约为3.1平方千米。它的西海岸有一条绵延数千米的海湾，呈弧形。人们在海湾岸边纯净柔软的沙滩上踏浪、戏水，欢声笑语一片。当夕阳西下，昏黄的阳光洒在蓝色的海面上，宛如绚丽多彩的云锦，动人心魄。拥有如此缤纷的热带风情，难怪有人说吉贝岛恍若另一个夏威夷。

七美岛

闻名遐迩的七美岛在澎湖列岛的最南端，海拔约为60米，景色壮美，是澎湖的旅游胜地。岛屿整体呈三角形，风景特异，有雄伟壮丽的断崖，还有景色优美的西湖溪。这里不仅有七美人宁死不屈的动人传说，更有象征爱情的双心石沪。双心石沪是七美岛的必游景点之一，已经有700多年的历史了。不过，双心石沪也不是想见就能见到的，只有退潮时，游人才能见到它的庐山真面目。

双心石沪

石沪是一种传统的捕鱼陷阱（石墙），利用玄武岩和珊瑚礁修建而成。两颗心套叠而成的"双心石沪"，就像是巧夺天工的艺术品，深受游客喜爱。

澎湖跨海大桥

澎湖跨海大桥连接着白沙岛和西屿岛，是澎湖列岛的一条交通要道。它建成于1970年，横跨环境险恶的水道，全长约为2600米。它曾经是远东最长的跨海大桥，声名显赫。如今，它变身成为澎湖著名的人文景观，迎接着来自八方的宾朋。漫步在大桥上，沐浴着清凉的海风，也是一种难得的享受。

澎湖天后宫

澎湖天后宫是台湾地区历史最为悠久的妈祖庙。相传1280年，元世祖派兵征讨日本，遭遇罕见的台风，军队损失惨重。元世祖梦见海神妈祖救了众人，结果部分兵将果真登陆澎湖岛屿死里逃生。为了感念妈祖的恩德，元世祖下令修建天后宫。之后，澎湖天后宫在历史的长河中几经沉浮，保留至今，变成了当地著名的人文景观。

姑婆屿

姑婆屿面积约为0.3平方千米。这个小岛的特点就是拥有白色的沙滩和礁石海岸，游人可以在这一方天地观赏到梦幻的珊瑚礁和灵动的热带鱼。其实，除了是旅游胜地，姑婆屿还有一个特殊的身份，那就是紫菜生产基地。这里生产的紫菜品质优良，数量可观，是附近村民一项重要的经济来源。

西屿岛

西屿岛四周环海，地势起伏较大，中间低，两端高，形成了两个小海湾。因为水深有限，西屿岛只能停靠一些小型船只，更增添了它的淳朴悠然之感。西屿岛的绿色植物特别多，而且生长得特别茂盛。在岛屿的南端，矗立着一座古老的白色灯塔。这座灯塔与整个海岛的景色融为一体，默默地遥望着广阔的海洋，为西屿岛增添了别致的韵味。

桶盘屿

素有"澎湖黄石公园"美誉的桶盘屿是澎湖列岛中距离台湾岛最近的岛屿，因外形酷似桶状圆盘而得名。桶盘屿有一处柱状玄武岩地景，就像根根树干整齐地排列在海岸边，十分壮观。你如果站在海滨步道上，将有幸看到桶盘屿的另一处奇景——海蚀莲花座，但这个奇景只有在海水退潮时才能看到。

珊瑚　澎湖一带海产资源丰富，尤其盛产珊瑚。这里的珊瑚通常被制成名贵的饰品，或被雕刻成工艺品，远销海内外。

海港　澎湖地区的海岸线很长，海域广阔，拥有很多港口，以渔港为主。

海上桂林 —— 下龙湾

风景迷人的下龙湾是越南著名的旅游胜地之一，距离越南首都河内约 150 千米。湾内的岛屿星罗棋布，大大小小有 1600 多个。下龙湾独具特色的海上喀斯特地貌与中国广西桂林的美景如出一辙，因而下龙湾又被誉为"海上桂林"。1994 年，闻名遐迩的下龙湾被列入世界遗产名录。

下龙湾

下龙湾面积约为 1500 平方千米，是北部湾的一部分。湾内碧波荡漾，海面上矗立着一个个灰黑色的石灰岩岛屿。它们造型奇特，被翠绿的植被覆盖，俨然是人间仙境。在一些较大的岩岛上分布着很多洞穴，洞穴中的石笋和钟乳石被塑造成多种生动的形象，活灵活现。

名字的由来

下龙湾这个名字与"龙"颇有渊源。相传很久以前，越南人民饱受侵略者的压迫，痛苦不堪。有一天，一条巨龙突然出现，口吐金珠打击侵略者，龙珠落入海水中就变成了形态各异的岛屿。另外一种说法是，龙被海湾的美景吸引，来到这里，搅起的巨浪形成了各种岛屿。当然，这两种说法都只是传说。实际上，下龙湾是因地球板块移动而形成的。

斗鸡石

斗鸡石是下龙湾独特的风景之一。两块约 12 米高的小石山相向倾斜,像两只展翅欲战的公鸡。这两只公鸡的体形稍有差别,其中一只似乎更为健壮。实际上,两块斗鸡石中间有一条狭窄的海沟,使它们并不像看起来那么近在咫尺。

迪独岛

乘船从斗鸡石出发,向南行驶 60 多分钟,游客们就会到达被碧海环绕的迪独岛。岛屿周围的海水蓝中透着绿,清澈似蓝宝石。沿岸沙滩虽然不大,但足够松软,非常适合人们享受阳光和海风。游客如果登山远眺,便可将如画的风景尽收眼底。正是因为有了这些美景,人们往往会忘记它"迪独岛"的名字,转而以"天堂岛"来称呼它。

天宫洞

天宫洞是游客不能错过的下龙湾的著名景点。天宫洞是一座典型的喀斯特溶洞，海拔大约为 20 米，总面积在 3000 平方米左右。洞内景色犹如天宫般富丽堂皇，洞中的钟乳石造型各异，如美丽的仙女、海神龙王……在彩色光线的辉映下，天宫洞就像梦幻的童话世界，让人啧啧称奇、浮想联翩。天宫洞以如今的面貌出现在世人面前，还要感谢中国的专家，是他们帮助安装了多种照明设备。

惊讶洞

下龙湾的喀斯特地貌独具特色。这里除了有让游客大开眼界的天宫洞，还有让人称奇的惊讶洞。距离旅游码头 15 千米的惊讶洞是下龙湾最宏大的岩洞之一，面积在 1 万平方米左右。虽然惊讶洞外表看起来有些平常，但只要步入其中，游客就会大开眼界，因为惊讶洞的洞顶遍布着大大小小的蜂窝样的坑洞。惊讶洞分为中、外、内 3 间，每一间都会给人全新的视觉体验。

吉婆岛

吉婆岛是下龙湾最大的岛屿，总面积在146平方千米左右，岛上居住着以农业为生的越南人。因为自然地理环境优越，联合国教科文组织已将它纳入世界生物圈保护区的范围。吉婆岛有一半的面积是国家公园，里面生活着濒危的金头叶猴。此外，岛上还盛产很多珍贵木材，是越南著名的木材产地。岛上的天然山洞、周围的天然海滨浴场等是游客钟爱的去处。

回澜·拾贝

下龙市 整个城市被海湾一分为二，西部有长途车站和码头，是旅馆和餐馆的集中地，游客从这里可以到达下龙湾。

海防市 海防市是除下龙市外另一个载客出航点。海防市是殖民色彩非常浓重的城市。这里满是高大建筑和林荫大道，还有颇具个性的法式别墅。去下龙湾旅游的人，有时会选择在这座安静祥和的城市留宿一晚。

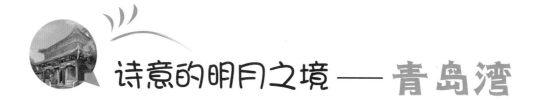

诗意的明月之境 —— 青岛湾

　　紧邻青岛市区的青岛湾是一个半圆形海湾，西起团岛，东至小青岛，南连胶州湾。青岛湾风景秀丽，自然条件优越。经过人们多年的雕琢和修饰，它现在已经成为一个综合性的海滨风景游览区，享誉中外。

小青岛

　　青岛湾内有一座形状如一把古琴的小岛，被当地人称作"小青岛"。1897年，德国人占领青岛，不久就在小青岛上修建起灯塔。新中国成立以后，小青岛作为一个军事要地被中国海军沿用。这座小岛上不仅有多种植物，还修建了广场，更有标志性的建筑——《琴女》雕塑。

《琴女》雕塑

栈 桥

　　与小青岛遥相呼应的栈桥也是青岛湾著名的旅游景点之一，长 440 米，宽 8 米，从海岸笔直地向青岛湾的深处延伸，像通往海洋宫殿的天桥。青岛栈桥历史悠久。清朝光绪年间，出于军事防御的需要，清政府修建了这个人工码头。经过上百年的洗礼，青岛栈桥已经成为青岛湾的地标性建筑。

回澜阁

　　青岛栈桥的尽头是玲珑雅致的回澜阁。这座双层飞檐八角亭阁与栈桥一样，经历了沧海桑田。回澜阁始建于 1931 年，由当时的国民政府为满足旅游的需要在原本的栈桥南端增建而成。当时的回澜阁顶覆黄色琉璃瓦，四周矗立 24 根圆柱，富有传统特色。1984 年，青岛市人民政府对它和栈桥进行了修整。现在，几乎每天都有大批游客来这里观赏海景。

海水浴场

在美丽的栈桥西面，有一片松软的沙滩——青岛市第六海水浴场。海水浴场与繁华的中山路相邻，虽然面积不大，但浴场里的环境十分出众。第六海水浴场可同时容纳上千人游玩。在旅游旺季，无论是阳光普照的白天，还是灯火璀璨的夜晚，这里都热闹非凡。

百年老街

与栈桥同在一条水平线上的中山路是青岛有名的百年老街。19世纪末，青岛被德国占领，中山路成为欧美侨民的集中地。中山路有很多老字号商铺，十分繁华，曾与上海南京路、北京王府井齐名，因此一度被视为青岛的"名片"。

海上皇宫

青岛栈桥区域除了有栈桥和回澜阁，还有一个不能被忘记的标志性建筑，那就是海上皇宫。海上皇宫共有5层，耗资上亿元，最初的用途是作为五星级酒店，但因为经营不善在2002年宣布停业。虽然人们现在不能入内一览它的风采，但它仍然在向世人倾诉着别致的美。

天后宫

距离青岛湾不远的天后宫是当地富有人文特色的旅游景点之一，其建筑艺术和彩绘艺术水平很高。青岛天后宫始建于明成化三年，距今已经有500多年的历史。它保存完整，历史和艺术价值高，是人们了解和研究青岛历史的重要资料，也是当地民俗场馆中的典范。

回澜·拾贝

天后宫庙会 青岛天后宫庙会源于明代，盛行于清代，延续至今已有500多年的历史。每年除夕到元宵节期间，一些当地居民会赶赴天后宫，在那里观看传统民俗表演，享用地道的美食。

建筑风格 青岛湾附近的建筑多以德国中世纪风格为主，具有欧洲风情。

理想的海滨休闲之所——芽庄湾

越南芽庄湾形似新月，湾内银白色的海滩洁净美丽，碧蓝的海水清澈见底。温和的气候和便利的交通条件，让这个天然的海滨浴场成为越南重要的旅游中心。

潜水胜地

芽庄湾是越南首选的潜水胜地。这里海水能见度高，海底有一些陡坡和岩洞，并且有种类丰富的珊瑚。

浪平山

芽庄湾内一个备受欢迎的旅游景点就是四季如春的浪平山。浪平山有5座海拔在2000米以上的火山，还有瀑布和湖泊。来浪平山最好的观景方式就是徒步行走。山上有一条风景优美的行走线路，当你到达山顶的时候，附近景色会尽收眼底，颇有"一览众山小"的感觉。

钟屿石岬角

在距离芽庄市约 1.8 千米的北方，有一处美丽的岬角。这里最吸引人的莫过于矗立在海边的巨大的花岗岩。花岗岩海岸既有惊涛拍岸的壮观，又有日出日落时的宁静。它们接受海风的吹拂，感受海浪的波涛汹涌，与海洋共同迎接每一个清晨与黄昏。

泥浆浴

特色泥浆浴是众多游客来芽庄市旅游的原因之一。来到这里的游客，即使不吃海鲜，也要泡一泡泥浆浴。在当地，泡泥浆浴是一种难得的享受。这里的泥浆中含有很多矿物质，虽然看起来脏兮兮的，但对清洁皮肤十分有效，深受游客追捧。

美食　芽庄湾的渔业十分发达，海鲜自然是这里的特色美食。除了特色海鲜，这里的水果捞和燕窝也是一绝。这些风味独特的美食，会让游客大快朵颐。

意想不到的如画世界——攀牙湾

与越南的下龙湾一样，泰国的攀牙湾也是海洋设计师的出色作品。这个迷人的小海湾位于泰国的南部，距离普吉岛仅75千米，因奇峰怪石而闻名。这里有令人惊叹的悬崖峭壁、星罗棋布的岛屿，堪称泰国的"小桂林"。

怪石密布

攀牙湾风景秀美，海水就像淡绿色的翡翠，清新又不失风韵。在波光粼粼的海面上，矗立着造型各异的岩岛。它们高矮不一，有的似从海面直冲云霄，高达数百米；有的则与骆驼的驼峰很像，起伏不定。在这些岩岛的映衬和装饰下，攀牙湾显得越发神秘。

"白菜"巨石

007岛

1974年，风靡全球的007系列电影的剧组到攀牙湾取景，占士邦岛因奇景众多有幸被选中。007系列电影中的《金枪客》的播出，让占士邦岛名噪一时。人们自从在影片中看到这个处处是怪石的小岛后，便开始称呼它为"007岛"。占士邦岛上类似白菜的巨石，一直是游客的关注焦点，这在很大程度上是电影的功劳。

湿地公园

攀牙湾潮间带森林湿地有红树林、海草床、珊瑚礁、儒艮等。为了保护这里的生态环境，人们建立了攀牙湾海洋国家公园。儒艮、白掌长臂猿、江豚等濒危物种在这里得到了很好的繁衍。

皮划艇探险

攀牙湾中的奇石很多。这些奇石聚在一起就会形成很多神秘地带，犹如"水上迷宫"，大船根本无法通过。为了一探究竟，人们只有乘坐小小的皮划艇，有时还要俯下身子才能顺利通过。别看攀牙湾的岛屿都不大，来此参观的人却不少。在旅游季节，攀牙湾会有很多满载游客的皮划艇。

回澜·拾贝

金石洞佛寺 攀牙湾有一处游人拜佛祈愿的胜地，常年香火不断，那就是攀牙湾有名的金石洞佛寺。

壁画 在风景秀美的攀牙湾，一些考古工作者曾发现具有上千年历史的壁画。如今这些遗迹已经对外开放，供游客观赏。

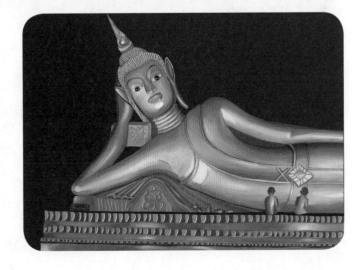

绝壁中的世外桃源——玛雅湾

看过莱昂纳多主演的电影《海滩》的人，一定记得影片中那令人神往的美景。实际上，影片中那迷人的海滩就位于泰国的玛雅湾内。因为这部电影，玛雅湾被许多人熟知，每年都有大批游客前来度假。

绝壁

玛雅湾被高达百米的悬崖峭壁包围，峭壁上生长着郁郁葱葱的植物，给看似冷硬的岩石增添了些许柔和的色彩。被峭壁捧在手心的玛雅湾只有一个小小的出口，大船根本无法通过，人们只能乘坐小船出入。这恰恰能够唤起人们心中对自然的向往。

玛雅湾

玛雅湾中海水碧蓝，白色的沙滩纯净细腻，岸边有郁郁葱葱的椰子树，到处弥漫着热带海岛的气息。游客乘小艇进入玛雅湾以后是不允许上岸的，这么做是为了保护这里的生态环境。不过，游客能在这里潜水和观景。

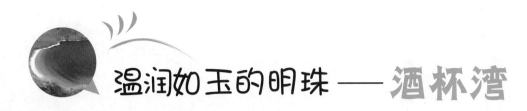

温润如玉的明珠 —— 酒杯湾

　　澳大利亚塔斯马尼亚东海岸有一颗耀眼的明珠——酒杯湾。酒杯湾形象化的名字来源于那弧形的海岸线和蓝绿色的海水。远远望去，酒杯湾好似一杯落于海上的甘甜美酒，等待游人去品尝。

酒杯湾

　　酒杯湾位于著名的澳大利亚弗雷西内国家公园中，白色的沙滩与湛蓝的海水完美搭配，让它从众多景点中脱颖而出，成为公园内非常受欢迎的旅游景点。面对动人心魄的美景，来到这里的游客往往只会有两种状态：要么陶醉，要么痴迷。

惠灵顿山

沿着酒杯湾向西，可以到达霍巴特的惠灵顿山。这座山峰海拔为 1200 多米，山上植被茂盛，拥有可以俯瞰四周美景的观景台。游客如果想要全方位地观赏霍巴特，一定要到这个最佳的观赏地点看一看。除了自然景观，游客还很有可能看到激动人心的比赛，因为很多登山和骑行爱好者喜欢聚集在这里。

皇家植物园

塔斯马尼亚皇家植物园是澳大利亚最早建立的国家植物园之一，已经有 190 多年的历史。园内既有当地的花草，也有来自世界其他地区的一些植物，其中就包括生长在南极洲和喜马拉雅山的植物。游客如果有幸赶上皇家植物园的花季，可以充分体会百花齐放的感觉。

回澜·拾贝

金斯顿海滩 塔斯马尼亚广受欢迎的一处海上运动场所，白色的沙滩和清澈的海水吸引着来自世界不同地区的游泳和帆船爱好者。

亚瑟港 位于塔斯马尼亚半岛的尖端，曾被用作监狱港，如今是澳大利亚著名的旅游景区。

激情澎湃的栖息之所——拜伦湾

以沙滩和灯塔闻名的拜伦湾位于澳大利亚新南威尔士州的东北角，由英国的航海英雄库克船长命名。作为澳洲旅游景点的标杆，拜伦湾有着温和的气候和绵长的海滩，再加上让人垂涎欲滴的美食、惊险刺激的运动项目，魅力让人无法抵挡。

娱乐项目

你如果是一个热爱冒险的人，那么来拜伦湾是一个不错的选择，因为这里有多种多样的刺激的运动，如悬挂式滑翔伞、滑翔观光机、热气球及跳伞等，每一项都富有趣味性和挑战性。设想一下，当你像飞鸟一样在拜伦角灯塔上空掠过，俯视着白色的海滩与蓝色的大海时，你一定会为自己的勇气所折服。

拜伦湾

拜伦湾距离澳大利亚的黄金海岸只有短短的 70 千米。与黄金海岸一样，拜伦湾也有长长的冲浪海滩线，而且还有标志性建筑灯塔和茂密的热带雨林。拜伦湾内时常有汹涌的巨浪，是冲浪者的最爱。游客可以驾乘皮划艇，与海豚一起畅游于碧浪之间，尽情体味自在的快乐。

回澜·拾贝

水疗中心　在拜伦湾茂密的雨林中，有很多水疗中心。游人疲乏的时候，在这里可以尝试多种放松身心的方法，如瑜伽、普拉提、按摩和香熏等。

露脊鲸　每年的 5—11 月，拜伦湾都会有南极露脊鲸出没。游客有幸的话可以观赏到露脊鲸沿海岸迁徙的壮观景象。

西部威尼斯的大门 —— 戈尔韦海湾

戈尔韦海湾是爱尔兰西海岸的旅游胜地，地处戈尔登郡与克莱尔郡之间，长约 50 千米。整个海湾风平浪静，景色出众，吸引了很多优雅的白天鹅前来栖息。岸上的建筑充满古典韵味，与海水互相衬托，勾勒出戈尔韦动人的美景。

戈尔韦海湾

戈尔韦海湾因传统的帆船工艺而闻名。这里的帆船工艺历史悠久，早已是戈尔韦文化的一部分。因为地理条件优越，不必受大西洋强风的干扰，戈尔韦海湾内出现了贸易港口。戈尔韦海湾以其独特的自然风光和人文魅力受到世界各地游客的青睐。

戈尔韦大教堂

戈尔韦大教堂是欧洲最大、最年轻的石头教堂之一，也是戈尔韦的地标性建筑。它融合了多种建筑和艺术风格，是欧洲教堂中的典范。戈尔韦大教堂从落成开始就成立了唱诗班，每逢重大节日，都会有演出。

回澜·拾贝

索尔特希尔海滩 坐落在戈尔韦市外的索尔特希尔海滩是游人最喜欢去的地方，那里天蓝海阔，十分洁净。

梦幻的海滩

　　海滩是海洋景观重要的组成部分。海滩上阳光明媚，沙质松软，常有翠绿的树木伴着海风优雅地舞蹈。世界各地海滨都有魅力独特的海滩，如黄金海岸、坎昆海滩、迈阿密海滩……有的面积广阔，有的色彩迷人。这些海滩与海水、陆地景观相映成趣，展现着海洋的神奇，吸引着世界不同地区的游客。

壮丽的海滩世界

我们曾梦想涉足碧海与软沙的世界，去寻找最真实的自己。这种特殊情感也许是一时兴起，也许是久存心间。但无论是哪一种，我们对美丽海滩的期许不变，思念不变。

海 滩

海滩是非常珍贵的旅游资源。世界各地海滨均有或大或小的美丽海滩。它们大都由松散的泥沙和砾石堆积而成，分布在低潮线以上。醉人的海滩与海水、海岸景观融合在一起，形成了独特的海洋风光，让人深深着迷。

千变海滩

世界上有很多美丽的海滩，它们或因面积而著称，或因颜色而闻名，或以形成原因让人惊叹。地球上最常见的沙滩是黄色沙滩，各大洲几乎都有分布。其次是白色沙滩，主要由珊瑚微粒形成，比如马尔代夫、斐济等地的沙滩。粉色、红色、黑色、橙色、绿色等彩色沙滩的数量则比较稀少，形成原因也是多种多样。

多色海滩

　　巴哈马群岛中哈勃岛上的粉色海滩给人梦幻般的感觉，它的粉色源实际上是一种有孔虫；分布在希腊、夏威夷等地的红沙海滩则是海水侵蚀火山岩所造成的；关岛沙滩的绿色来自橄榄石晶体；冰岛维克沙滩的黑色来自火山岩。可以看出，大部分的彩色沙滩是矿物质和海水运动造成的。

特别的海滩

　　美国加州布拉格堡有一片玻璃海滩。那里原本是居民的垃圾场，在当地政府禁止投放垃圾并将较重的垃圾运出沙滩后，海水将剩余的玻璃垃圾改造成了各色的小圆石外形。在澳大利亚以及美洲的一些地方，贝类缺乏天敌，所以出现了很多贝壳沙滩。马尔代夫有一片海滩，那里的发光浮游生物十分丰富，到了夜里就会形成耀眼的蓝色沙滩。

回澜·拾贝

　　中国著名的海滩　中国海岸线比较长，海滩分布比较广泛，著名的有大连老虎滩、青岛海滨浴场及北海银滩等。

　　威胁　海滩旅游业的发展虽然为沿海地区带来了巨大的经济效益，但也为各个海滩带来了隐患。大量人口聚集容易造成环境污染，进而威胁海洋生态环境。

冲浪者的天堂 —— 黄金海岸

位于澳大利亚东部海岸中段、布里斯班以南的黄金海岸是世界闻名的度假胜地。整个海岸绵延40多千米，由10多个优质沙滩连续排列组成。这里有闪闪发光的沙滩、湍急的海浪，因而是很多冲浪爱好者心中的娱乐天堂。

壮观的美景

濒临太平洋的黄金海岸沙质细软，海水湛蓝。当海浪随着清凉的海风翩翩起舞时，洁白的浪花就会与岸上的岩石拍击出动人的乐章。因为风浪多，这里几乎每天都会聚集很多冲浪爱好者，他们将这里当成冲浪竞技场。

娱乐

黄金海岸不仅景色迷人，还分布着很多主题乐园。华纳兄弟电影世界主题公园在澳大利亚乃至整个世界都十分知名。它分为华纳电影世界、海洋世界以及梦幻世界3部分，以华纳电影世界最具特色，里面的娱乐项目和各种特技表演让游客大开眼界。

艺术中心

黄金海岸艺术中心是当地有名的综合性艺术场馆，有剧院、画廊、会议厅和咖啡厅等多种场所供游客选择。黄金海岸艺术中心还提供服装、礼堂等的租赁服务。这里常常上演不同形式的艺术节目，颇具澳洲风情。

特色酒庄

也许是受海洋的滋养，昆士兰的酒香格外浓郁。在距离黄金海岸只有 20 分钟车程的地方，有一些有名的酒庄，是当地著名的酿酒基地。

当地的特色酒庄每年都会吸引大量游客参观。游客们在游览酒庄的过程中，不仅可以品尝美味的葡萄酒、鸡尾酒和蜂蜜酒，还可以亲自体验制酒的乐趣。如果游人对田园生活十分向往，酒庄还会根据游客需要提供很多独特的体验方式，比如喂养小绵羊、观察蜜蜂的生活等。

弗利兹野生动物园

从黄金海岸驾车一直向南行驶约40分钟，会到达弗利兹野生动物园。与众多大型公园相比，这里虽然空间较小，却是非常适合静静地观察动物的地方。为了方便游客游览，弗利兹野生动物园设计了一些木桥。倚桥而望，游客便能将多种多样的动物尽收眼底。弗利兹野生动物园还有一处独特的微明区，藏着鸭嘴兽、猫头鹰、蝙蝠等夜行动物。这对游客来说可是个难得的观察机会。

天堂农庄

占地12公顷的天堂农庄坐落在黄金海岸附近的一片小山丘上，是一个著名的表演型畜牧场。骑马、牧羊、挤奶、剪羊毛等是天堂农庄的招牌表演。来到此处，游客不仅能够观赏到特色的生活化场景，还能够亲手喂食袋鼠，并与考拉合影。

回澜·拾贝

吸引力 黄金海岸是一个开发较为完善的风景区，设施齐全，能满足游客不同的需求，因此有很强的吸引力。

艺术汇集地 黄金海岸艺术中心汇集了很多艺术收藏品，充分记录了澳大利亚的艺术发展史，是澳洲重要的艺术发源地。

气候 澳大利亚黄金海岸属于亚热带季风气候，常年阳光普照，空气湿润，非常适合旅游。

岛上的银河——白天堂海滩

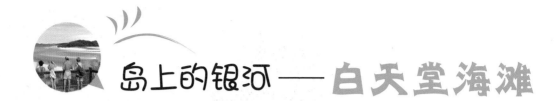

澳大利亚降灵群岛上的白天堂海滩是世界上非常著名的海滩，因为纯净美丽，被誉为"澳大利亚最上镜的海滩"。绵延7000多米的白色沙滩与水晶般透明的浅绿色海水相依相偎，完美地诠释了自然之美。

必看之地

白天堂海滩位于降灵群岛最大的一座岛屿上。这里海水碧绿，白沙又细又软。整座岛屿不仅无人居住，还禁狗、禁烟，使得它保留了原始面貌。赤脚踩在沙滩上，你会有一种凉凉的触感，这是因为这里的沙滩几乎不含杂质，98%以上的成分为二氧化硅。倘若置身于此，这片海滩可能会唤起你内心从未有过的深情。

希尔湾

　　白天堂海滩北端有一个小小的希尔湾，是白天堂海滩的重要部分。这里的碧海、蓝天和白沙就像 3 个亲密的伙伴，时时刻刻演绎着关于海湾的故事。它们简单交织，却勾勒出原始的美景。

心形礁

　　白天堂海滩附近有很多礁石群，其中心形礁最惹人喜爱。自然形成的心形礁是年轻人眼中的爱情圣地。它安静地躺在碧绿的海水中，等待着相爱之人前来游览。来到降灵岛的游客几乎都会与自己喜欢的人乘坐水上飞机游览观赏心形礁，让心形礁见证他们浪漫的爱情。

梦幻婚礼

　　降灵群岛是上佳的婚礼举行地，因为这里浪漫、梦幻而富有诗意。你可以在岛上选择一个小礼堂或者美丽的小花园，于蓝天碧海之间许下爱的誓言，还可以邀请好友聚集在松软的沙滩，在清凉的海风下见证自己的爱情。无论是哪一种，相信这场婚礼都是令人难忘的。

艾尔利海滩

　　艾尔利海滩是大堡礁和降灵群岛的门户，地理位置十分优越。与白天堂海滩相比，它似乎更热闹一些。不远的海面上，一艘艘的游艇整齐地排列着。租乘这些游艇，游客就能即刻出发游览降灵群岛。艾尔利海滩附近有许多旅馆，还有非常多的娱乐设施，供人们落脚和游玩。

海上巡游

　　如果游客初到澳洲，不是跟团而来，也不知从哪里开始游览，那么海上巡游就是一个不错的选择。游客只要选好巡航的船只，了解一下巡航路线，就可以欣赏澳洲有代表性的风光。在游览降灵群岛的过程中，游客不仅可以欣赏美丽的海洋景观，还可以体验潜水的乐趣。

回澜·拾贝

　　特色　除了世人皆知的白天堂海滩，降灵群岛还因它的74个热带岛屿而闻名。这些形态各异的岛屿全是风景宜人的旅游胜地。

　　交通　虽然降灵群岛的岛屿之间没有相连，但岛屿之间的交通十分方便。这里有水上飞机、独木舟、皮划艇，还有游客十分喜爱的渡船。

　　探险　降灵群岛被很多人视为航海探险的上佳地点。你只要有勇气，就可以驾驶游艇或摩托艇探索那些大大小小的岛屿。

最直白的美丽 —— 里约热内卢海滩

里约热内卢是游人最向往的观光胜地之一，名胜众多，尤以海滩闻名。里约的海滩数目和长度堪称世界之最，共有大大小小的海滩 70 余个，遍布美丽的海岸。

科帕卡巴纳海滩

科帕卡巴纳海滩是里约最有名的海滩之一，海岸线长约 4.5 千米。该海滩沙质柔软清洁，浪花雪白，海水纯净蔚蓝，具有非常好的自然条件。不仅如此，这里海水温暖，适合人们游泳、戏水。因此，海滩上的游人络绎不绝。科帕卡巴纳海滩上有一条由人工填海而修建的大西洋大街。从空中俯瞰，被白色、黑色、可可棕色马赛克所装饰的大西洋大街有一种别样的美感。

依巴内玛海滩

　　依巴内玛海滩是里约人的最爱。这个充满活力的沙滩上常常会聚集很多年轻男女和社团组织的人员。他们在柔软的沙滩上尽情地玩耍、嬉戏。依巴内玛海滩的日落非常美丽，常引得海滩上的人们静静凝望。

巴西地标

　　里约耶稣雕像是巴西著名的地标。它默默注视着里约的喜怒哀乐，见证着里约的沧海桑田。耶稣雕像重达1145吨，已经矗立在里约基度山上超过80年。在里约市区的很多角落，人们都可以看到它张开双臂拥抱万物的雄伟身影。

尼特罗伊大桥

气势磅礴的尼特罗伊大桥始建于
1968年，是里约的标志性建筑之一，
连接着里约和尼特罗伊，被誉为"南
美最长的跨海大桥"。驾车行于大桥
之上，沿途的风景会如幻灯片一样，
一幅幅展示在你的眼前。

面包山

面包山是除基度山之外的里约另一个知名的山峦，两个表面光滑的"面包"与基度山遥遥相
望，耸立在瓜纳巴拉湾的入口处。面包山上的视野非常开阔，只要站在山顶，你就可以将里约的
美景尽收眼底。若想到达山顶，游客必须在登山的过程中乘坐缆车进行中转。其实，单是乘坐缆
车观赏美景就已经足够让人兴奋了。

弗拉明戈公园

　　瓜纳巴拉湾沿岸有里约最大的休闲区——弗拉明戈公园。这个公园由著名的建筑师和园艺师共同设计建造，园内分布着很多现代艺术博物馆，还特别设立了二战阵亡士兵纪念碑。弗拉明戈公园是里约体育赛事的集中地。在 2016 年的夏季奥林匹克运动会上，弗拉明戈公园既是公路自行车赛的主要赛段，又是马拉松赛的终点站。

现代艺术博物馆

　　里约现代艺术博物馆是巴西文化机构的代表，总部建筑更是当地文化的艺术瑰宝。这个颇具理性主义风格的建筑与里约的优雅气息充分地融合在一起。馆内收藏着许多著名画家的画作，包括毕加索、达利和马蒂斯这些绘画大师的经典作品。对于爱好艺术的人来说，这里绝对是一个好去处。

回澜·拾贝

　　旅游中心　　里约东南临大西洋，属于热带海洋性气候，终年高温，有明显的干湿季。受气候的影响，这里海滨景观十分迷人，是南美著名的旅游中心。

　　奥运会　　2016 年 8 月 5 日，第 31 届夏季奥林匹克运动会在里约开幕。8 月 21 日（巴西当地日期），里约奥运会正式结束。中国队获得 26 枚金牌，位列金牌榜第 3 位。

梦幻的沙滩 —— 巴哈马海滩

　　巴哈马的大哈伯岛上有全世界罕见的粉色沙滩。这片沙滩沙质细腻，呈粉红色，是大海赐给巴哈马最好的礼物。这片粉红色的沙滩独特又珍贵，曾被评为"世界十佳海滩"之一。

粉色沙滩的形成

　　巴哈马群岛由大小不一的较平坦的珊瑚岛、礁石和浅滩构成。因为珊瑚的关系，这里的岛屿基本会覆盖着或多或少的珊瑚粉末，加上巴哈马群岛距离古海岸带较远，海浪难以将海底松散的物质带到珊瑚岛，所以经过一段时间的风化和磨损，这些珊瑚粉末就渐渐变为沙滩的一部分。不过，这些沙子是白色的。

　　游人看到的粉红色沙子来自当地一种粉红色的有孔虫。属于单细胞生物的有孔虫经常附着在礁石上生活。当受到海浪的冲击或海洋动物的碰撞之后，它们就会被卷入海水中，进而被带到海滩上。粉红色的"沙子"越聚越多，与白沙混合在一起，共同组成了美丽的粉色沙滩。

沙滩保护

　　与其他沙滩不同，粉色沙滩受环境的影响很大。这是因为有孔虫对生存环境的要求很高，如果环境恶化，它们就很有可能消失，那么粉色沙滩也将不复存在。不过，目前还不用太过担心，因为巴哈马的旅游业十分发达，当地政府和人民非常注重环境保护，所以这片海滩至今没有太大的变化。

潜水胜地

　　巴哈马拥有得天独厚的海域，是令人向往的潜水胜地。这里海水纯净得像蓝色的水晶，海洋生物种类丰富，像天然的水族馆。设想一下，你身处碧蓝的世界，色彩斑斓的海鱼在你周围翩翩起舞，此时你的感受岂是激动一词可以形容的？值得一提的是，游客还可能在某处海底发现古老的沉船呢！

运动者的天堂

良好的地理和气候条件使巴哈马成为北美洲著名的运动场所。这里不仅有让人心驰神往的度假村，还有设施完备的高尔夫球场。在清凉的海风中与友人来一场高尔夫比赛，自然会成为你珍贵的回忆。你如果不擅长高尔夫运动，可以尝试刺激的小艇和帆船探险，体验在碧蓝的大海上疾驰的快乐。

火星湖

巴哈马岛上有一个闻名遐迩的火星湖。每当夜晚降临，湖面就会燃起"火花"，就连湖中一跃而起的鱼儿都会闪耀着美丽的光芒，十分神奇。实际上，这是由湖中的甲藻造成的。甲藻内含有大量荧光酵素，只要湖水受到搅动，甲藻内的荧光酵素就会迅速氧化，出现"火花"。这种"火花"比较微弱，白天无法看见。

比米尼岛

除粉色沙滩外，比米尼岛是巴哈马群岛上另一个著名的旅游景点。这里有著名作家海明威的故居，据说《老人与海》就是在此创作的。此外，比米尼岛的海底还分布着一些古城遗迹。有研究者认为，这些遗迹很有可能就是亚特兰蒂斯帝国的一部分。

取景地 巴哈马的旅游业之所以这么兴盛，还要多亏电影《加勒比海盗》，因为这里曾是该影片的取景地。

潜水 古城遗迹的发现使巴哈马的比米尼岛名声大振，很多潜水爱好者纷至沓来。他们希望能在这片神秘海域探索遗失的文明。

免签 2013年，巴哈马与中国签订免签协定，进一步推动巴哈马旅游业的发展，中国赴巴游客逐年递增。

四季度假胜地 —— 尼格瑞尔海滩

牙买加的尼格瑞尔海滩位列世界十大海滩。这里地理条件优越，气候稳定，不会遭受飓风的困扰，常年适合旅游。尼格瑞尔海滩是少有的白沙海滩，美丽优雅，深受广大游客的喜爱。

民族风浓郁的海滩

与其他海滩相比，尼格瑞尔海滩比较传统且富有民族特色。在蜿蜒曲折的海岸线上有很多餐馆，它们颇具民族风情。夏季，尼格瑞尔海滩的游人虽不多，但并不冷清，反而弥漫着恰到好处的祥和。

发达的旅游业

牙买加是加勒比海中面积仅次于古巴和海地的第三大岛国。除了白色的沙滩，牙买加还有雄伟的山峦、壮美的海岸和郁郁葱葱的热带雨林。这些美景融合在一起，使这个岛国成了人们眼中的"林水之乡"。每年到牙买加的游客数量高达200多万，单单旅游业就能为牙买加创收约15亿美元，可见这里是多么受欢迎。

乌龟海滩

牙买加的重要旅游城市奥乔里奥斯有一片乌龟海滩，是牙买加重要的旅游景点。整个海滩呈新月形，松软的沙滩上时常有海龟懒洋洋地晒着太阳。看到它们，游客也会放松身心。如果天气炎热，海岸上的棕榈叶就是很好的乘凉工具。

古迹 除了充满浪漫气息的海洋美景，牙买加还有很多名胜古迹，包括古老的牛油和猪油装卸港口以及一些特色建筑。

工艺品 牙买加的工艺品世界闻名，耀眼的宝石首饰、民族风浓郁的帽子甚至是艺术性很高的木雕在景区都可以见到。

自然界中的油画——坎昆海滩

　　地处加勒比海北部的坎昆是墨西哥著名的旅游城市，市区的各行各业多为旅游业服务，整个岛城都洋溢着清新的海洋气息。坎昆三面环海，海滩长20多千米，宽仅400米，几乎被柔软的白沙覆盖。白色海滩是坎昆的旅游特色，也是坎昆的灵魂。

坎昆海滩

　　白色的坎昆海滩多由珊瑚风化而成，沙质柔软，洁白如玉。坎昆海水碧蓝，是海龟和鱼虾的良好栖息地，也是游人偏爱的度假天堂。除了海水、沙滩，海岸上还有很多精致的棕榈凉亭和小屋。它们以棕榈叶为顶，采用石头打磨而成的柱子，充满玛雅特色。

阿库马尔

距离坎昆海滩不远的地方有一个阿库马尔水上俱乐部，是游人热衷的游玩场所之一。阿库马尔四周被高大的椰子树簇拥，既有美丽的白沙滩，又有与沙滩十分相称的田园式建筑。另外，附近还建有海洋博物馆，供游客欣赏海洋艺术。

图伦古城

坎昆有墨西哥之行不容错过的景点，那就是世界著名的玛雅古城遗址——图伦古城。距离坎昆约130千米的图伦古城屹立在汹涌澎湃的加勒比海岸，曾是14世纪玛雅文化末期的宗教城市。图伦古城保存比较完整，共有60多栋巨石建筑，以悬崖上的神殿最为著名。

库库尔坎金字塔

库库尔坎金字塔在墨西哥尤卡坦半岛的东北部，距离坎昆不远。这座金字塔是玛雅文明的重要遗址之一，可与埃及金字塔相媲美。每年春分日、秋分日，库库尔坎金字塔北面台阶的边墙在阳光的照射下会形成7个等腰三角形，连同底部雕刻的蛇头，宛若一条巨蛇在迅速移动。人们把这种景观叫作"光影蛇形"。

科苏梅尔

春、夏两季，墨西哥科苏梅尔海域多数时间风平浪静，没有极端天气，是坎昆最适合潜水的地方。因为地理优势，游客可以亲自驾艇出游，充分感受墨西哥洋流的魅力，尽情欢笑于蓝天与碧海之间。另外，科苏梅尔有40多处玛雅遗迹，能让你更全面地了解这一古老文明。

水下雕塑博物馆

坎昆附近海域有一座水下雕塑博物馆，由英国著名艺术家杰森·泰勒于2009年设计建造，是世界上最大的水下博物馆。这座博物馆陈列了泰勒的400多座雕塑作品，每座雕塑的造型和神态都不相同，令人目不暇接。一些潜水和游泳爱好者将欣赏水下雕塑作为自己最大的乐趣。

女人岛

女人岛距离坎昆很近，因在此处发现了许多玛雅女性陶制神像而得名。岛上最具吸引力的旅游景点莫过于海龟农场。它最初是岛民为了保护海龟的繁殖而建造的，现在变成了著名的观光地。女人岛的最南端有一个海洋主题乐园，游客可以下水与海豚共舞，还可以参与浮潜等活动。

回澜·拾贝

气候 坎昆地处热带，全年平均气温在27℃左右，有明显的干湿季之分。每年的7—10月，坎昆有较多的降雨。

文化会馆 坎昆文化会馆是以玛雅文化为基础设计的现代艺术场馆，游人在馆内能够欣赏音乐、戏剧、诗歌以及独具墨西哥风情的表演。

天然浴场——迈阿密海滩

迈阿密海滩是美国著名的海滩度假胜地，也是世界上名列前茅的天然浴场。它静静地坐落在比斯坎湾与大西洋之间，惬意地接受着海洋与天空的馈赠。有人说，迈阿密海滩的海水是有感情的，能带走浮华；还有人说，迈阿密海滩的阳光是有思想的，给这个海滩的恰到好处。

迈阿密海滩

迈阿密海滩气候宜人，风景秀美，是美国人心中的旅游天堂之一。这里有绵延几千米的沙滩，有不染尘埃的白云和蓝天，还有展翅高飞的海鸥。迈阿密海滩海水很浅，几乎一眼就能望到底。整个沙滩平坦开阔，沙子细腻、柔软。漫步于此，游客心情一般会非常愉悦。

南海滩

迈阿密海滩的最南端被称为"南海滩"，是迈阿密海滩最吸引人的地方。南海滩的海水特别纯净，沙滩特别松软，阳光特别充沛，很多明星常来这里度假。南海滩周围还有很多酒吧、夜总会和餐馆，喜欢夜生活的一些人将这里视作聚会乐园。此外，游人还可以逛精彩多样的精品店，感受迈阿密的多彩生活。

港 口

　　迈阿密港是美国的第八大港口，也是美国的南大门。港口可以为集装箱船舶及巨型游轮提供停泊场所。游客要想乘坐游轮观赏迈阿密的热带风光，就必须通过这个港口。迈阿密港的货物年吞吐量近 1000 万吨，每年的旅客承载量超过 1800 万人次。

海湾公园

迈阿密海湾公园是迈阿密地区的另一个著名景观。在这里，游客不仅可以乘坐豪华游艇畅游海湾，尽享自然风光，还可以在林立的摩天大楼间畅游，入住奢华的酒店，感受繁华的都市之美。此外，海湾公园内安排有多种演出活动，一些著名歌星曾在这里举行演唱会。因此，这里成为迈阿密最热闹的场所。

动物园

迈阿密动物园地处迈阿密南部，是美国的热带动物园。与其他动物园不同，游人在这里不必被隔离在铁丝网之外，而是能够近距离观察动物。园内还特设了儿童动物园，为孩子们提供接触动物的机会。1994年公映的动画电影《狮子王》中的很多动物原型就来自迈阿密动物园。

佩雷斯艺术博物馆

佩雷斯艺术博物馆面朝海湾公园，环境优美，造型独特，拥有约3000平方米的画廊和一些延展出来的不规则空间，整体看起来相当现代、时尚。博物馆最大的亮点就是那些悬挂着的立体植物。它们就像绿色的柱子，特别突出。

美航中心

建于1998年的美航中心集运动和娱乐为一体，堪称迈阿密的一个标志。它一侧高楼林立，一侧被美丽的海湾环绕，形成了独特的风景。美航中心作为美国职业篮球联赛（NBA）著名球队迈阿密热火队的主场，一直是迈阿密人心中的圣地。在风光旖旎的海滨，人们经常能听到篮球比赛中让人激情澎湃的呐喊声。

回澜·拾贝

派对海滩 迈阿密南海滩吸引着许多人来这里举办派对进行狂欢，所以当地人也把南海滩称作"派对海滩"。

小哈瓦那 小哈瓦那是迈阿密非常著名的美洲移民聚居中心，这里的人大部分讲西班牙语。游客可以在小哈瓦那参观古巴雪茄手工坊，品尝特色美食。

维兹卡亚花园博物馆 迈阿密一所公有的国家历史地标性建筑，地处迈阿密中心地带。馆内不仅风景秀美，还拥有很多价值连城的艺术品。

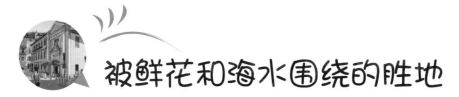

被鲜花和海水围绕的胜地
——尼斯海滩

法国尼斯是世界富豪聚集的中心，也是冬暖夏凉的宜居之城。约7500米长的海岸线和宽阔的海滨大道，让尼斯多了些海洋的柔情，少了些城市的刻板。它没有巴黎的浪漫，却处处呈现出地中海的安然。

尼斯海滩

尼斯三面环山，是地中海海域少有的世外桃源。环绕的群山让这里免遭寒冷北风的侵袭，游人可以惬意地在海滩上进行日光浴。冬季一到，这里便成了欧洲很受欢迎的旅游地点。尼斯海滩周围汇集了众多购物中心、饭店和豪华宾馆，海岸上布满鲜花和棕榈树。清凉的海风吹过，疲惫烦躁的心往往能安静下来。

尼斯老城

尼斯林荫大道与现代艺术博物馆之间的区域是尼斯的老城，由希腊人建造，后来沦为罗马帝国的殖民地，1860 年才彻底独立。因为长期的殖民统治，尼斯老城有很多巴洛克式建筑，无论是住房还是教堂都充满意大利情调。老城街道狭窄，建筑也大多随着地形起伏。不过，也正因为如此，它才具有浓厚的古典韵味。

城堡山

到尼斯旅游的人几乎都要登上城堡山，环视整个尼斯的景色，感受天使湾的壮美。城堡山上原本有古老的城堡，但在 18 世纪初被毁，现在人们只能在脑海中复原其样子了。

芒 通

从尼斯乘火车只需35分钟就能到达淳朴的芒通小镇。这里盛产柠檬，每年2月份会举办柠檬节。那时，小镇上的人们便会举着用柠檬做的人像或动物模型游行，以表达丰收的喜悦之情。

埃兹小镇

美丽的中世纪古镇埃兹距离尼斯只有约20分钟的车程。这里的建筑大都建在陡峭的岩壁上，十分壮观。这种建筑方式与猛禽鹫的筑巢方式类似，所以埃兹小镇也被称为"鹫巢村"。除了特色建筑，小镇上的热带植物园和香水工厂也是很好的观赏景点。

俄国东正大教堂

1912 年，沙皇尼古拉二世在尼斯修建的东正大教堂竣工。这是俄国在境外修建的最古老的教堂，也是尼斯现在著名的旅游景点。这座教堂规模雄伟，造型别致，装饰得富丽堂皇。它的外层铺砌了很多红砖、大理石和陶砖，有6个洋葱式圆顶。教堂里收藏着很多珍品，包括壁画和雕像等。教堂与周围环境完美相融，成为一道亮丽的风景，吸引了世界不同地区的游客前来游览。

当代美术馆

当代美术馆是尼斯的代表性场馆。这座白色的现代化建筑由4块巨大的大理石组成，中间用玻璃通道相连，简约时尚。美术馆中设有咖啡厅，以便游客休息。更妙的是，美术馆的屋顶还有花园和画廊。尼斯当代美术馆内珍藏着很多美国、法国艺术家的作品，是艺术的圣殿。

林荫大道 1830年，尼斯的英国侨民筹资修建了一条林荫大道——尼斯海滨大道。这条大道长达5000米，盘踞在地中海沿岸，道边有很多艺术画廊。

黄金海岸 尼斯的发展成绩很显著，其中就有旅游业的功劳。如今，尼斯海滩已经从欧洲众多的海滩中脱颖而出，变身为欧洲颇具魅力的"黄金海岸"。

另类的神秘海滩 —— 冰岛黑沙滩

如果说粉色沙滩让你想到"浪漫"和"唯美"这两个词，那黑色沙滩会让你联想到什么呢？其实，当你踏上冰岛维克小镇的黑色沙滩时，你就会明白，黑色的沙滩象征着深邃、纯净和通透。

维克小镇

维克小镇在冰岛的最南端，距离首都雷克雅未克只有约 4 个小时的车程。这里的黑沙滩举世闻名，是世界上最美的沙滩之一。因为黑沙滩，维克小镇从默默无闻的小镇摇身一变成为旅游胜地。每年都有很多游客和摄制组前来一睹黑沙滩的风采。除了黑沙滩，维克特别的熔岩山也是著名的风景。

黑沙滩

维克的黑沙滩是怎么形成的呢？原来，它的形成与火山活动有关。维克附近的火山活动频繁，火山熔岩经过各种物理、化学作用就变成了黑色颗粒状的沙子。这种沙子没有任何杂质，用手抓上一把，手指间也不会出现尘土。黑色的沙滩与蔚蓝的海水交相辉映，风景别致，吸引了来自世界不同地区的游客。与那些沙质柔软的沙滩不同，黑沙滩的沙子颗粒比较大，不适合赤脚游玩。

柱状节理

冰岛拥有很多别致的旅游景点，除了黑沙滩，还有黑沙滩附近的天然的玄武岩景观，其中以风琴状岩石最为典型。这些岩石整齐地排列在一起，高低各不相同，如同人工刻凿和打磨出来的。韩国济州岛也有类似的地质结构，被人们称为"柱状节理"。黑沙滩的这些柱状节理为黑沙滩赋予了艺术的味道。

斯科加瀑布

斯科加瀑布是冰岛著名的瀑布，距离黑沙滩所在的维克小镇仅有约30分钟的车程。斯科加瀑布高60米，竖挂在群山之上。白色的瀑布倾泻而下时，四溅的水珠在耀眼的阳光下五光十色，特别漂亮。游客可以在瀑布正面的座椅上聆听流水下坠的声音，还可以走到水帘后面近距离观察瀑布美景。

冰岛蓝湖

冰岛是地热能源丰富的国家，拥有很多地热温泉。蓝湖是冰岛非常著名的地热温泉，富含有益矿物质，能够美容养颜、强身健体。即使在寒冷的冬天，这个露天温泉也会开放。这里离机场相当近，因此来冰岛旅行或出差的人在登机之前很喜欢来这里泡温泉。

回澜·拾贝

海鸟　冰岛维克镇的美丽不仅在于黑沙滩，还在于很多可爱的海鸟。海鸟非常喜欢在神秘的维克镇安营扎寨。

维克镇教堂　维克镇教堂在小镇的最高点，既精致又神圣。它与黑沙滩彼此相望，共同守护着美丽的小镇。

PART 4

美丽的海岛

　　海岛是海洋中的世外桃源，分散在广阔无垠的海洋中，像一颗颗散落的珍珠。缤纷迷人的大堡礁，热情好客的夏威夷岛，纯净悠然的西西里岛……这些奇异的海岛让人们目不暇接，赞叹不已。

海岛初窥

在广阔无垠的大海上，分布着大大小小的海岛。这些形态各异的海岛装点着蓝色的世界。与大陆相比，海岛虽然有些渺小，却是海洋景观不可忽视的一部分。正是有了它们的存在，烟波浩渺的海洋才更加动人。

海 岛

1982年，《联合国海洋法公约》对海岛进行了明确的定义："岛屿是四面环水并在高潮时高于水面的自然形成的陆地区域。"这一规定明确了岛屿的特点，让人充分了解了何为海岛。

海岛的形成

按照成因的不同，世界上的海岛分为自然岛和人工岛。自然岛成因比较复杂，种类较多，既有因地壳运动、海平面上升从陆地"分离"出来的大陆岛，也有因海底火山喷发、珊瑚虫累积和泥沙堆积而形成的海洋岛。人工岛是人类为满足空间以及其他需要填海而成的岛屿。

海岛旅游胜地分布

　　海岛具有非常大的旅游价值。人类充分利用海岛的自然优势，开拓出了很多旅游胜地。目前，世界著名的海岛旅游胜地主要集中在热带和亚热带海域，地中海沿岸、加勒比海沿岸、大洋洲以及东南亚等海域均是旅游海岛的聚集区。

中国的海岛旅游

　　因为海域广阔，中国拥有众多不同类型的岛屿。其中一些岛屿不仅具有很好的自然景观，还在漫长的历史演化过程中留存下来一些名胜古迹，大大地增加了海岛的人文魅力。海南岛和台湾岛是中国非常著名的两大旅游海岛。

　　中国海岛　　中国岛屿很多，其中面积在 500 平方米以上的岛屿达 6900 多个。中国大部分岛屿分布在东海和南海。

　　战略意义　　海岛是确定领海基线的重要依据，是划分领海、专属经济区和大陆架的重要基点，对一个国家的领土主权具有非凡的战略意义。

多种多样的海岛

因为成因不同，海岛的形态千变万化。这些造型各异、大小不一的岛屿有的成了世人皆知的旅游胜地，有的成了一国的防线基地，还有的被建设和改造成为更大的岛屿。

大陆岛

大陆岛与大陆相连，最初位于大陆的外缘，但因为地质活动以及海平面上升等原因，土地四周被海水包围，形成大陆岛。台湾岛是典型的大陆岛，地处琉球群岛与菲律宾群岛之间，风光秀美，自然环境十分优越，还有很多人文景观。

火山岛

　　因海底火山喷发而形成的岛屿被称为"火山岛"，其主要构成物质是熔岩和火山灰。这种岛屿虽然面积不大，但地貌特征比较显著。著名的夏威夷群岛、菲律宾群岛及斐济群岛等都是火山群岛。以自然风光优美著称的单个火山岛主要有塞班岛、冰岛、济州岛、大溪地岛等。

珊瑚岛

　　珊瑚岛是由珊瑚虫的分泌物和其遗骸堆筑而成的岛屿。因为珊瑚虫的生长需要充足的光照，所以珊瑚岛主要分布在热带及亚热带海域。谈起珊瑚岛，就不得不提澳大利亚东北部的大堡礁和度假胜地马尔代夫群岛。大堡礁是世界上最大的珊瑚礁群。马尔代夫群岛则以优美的风光著称，可谓人间天堂。

美国爱丽丝岛

人工岛

　　为了生产以及其他需要，人们会以小岛或暗礁为基础，扩大其原有面积，或者把几个自然小岛连接起来建造成更大的岛屿。这种经扩建或连接而成的岛屿被称为"人工岛"。迪拜人工岛是世界上最大的人工岛，加拿大蒙特利尔圣母岛及美国爱丽丝岛也是世界知名的人工岛。

最大的群岛

　　散布在东南亚和澳大利亚大陆之间的马来群岛是世界上面积最大的群岛。该群岛有大小岛屿2万多个，总面积约为242.7万平方千米，主要包括大巽他群岛、小巽他群岛、菲律宾群岛、马鲁古群岛、西南群岛和东南群岛等。马来群岛上分布着众多国家，印度尼西亚、菲律宾、新加坡、马来西亚及文莱等国家就分布在这个巨型群岛上。

最大的岛屿

格陵兰岛是世界上最大的岛屿，位于北冰洋与大西洋之间，在北美洲东北部。它的面积约为217.5万平方千米，大部分地区处于北极圈之内，被厚厚的冰雪覆盖，是除南极洲外大陆冰川面积最大的地区。格陵兰岛的冰雪容积达260多万立方千米，储量丰富。

海上机场　人们修建人工岛的目的有很多，其中缓解土地压力是最重要的一个。一些国家和地区将现代化的机场建在人工岛上，如日本的关西机场、香港的国际机场等，一定程度上缓解了当地土地资源紧张的状况。

舟山群岛　舟山群岛是中国的第一大群岛，拥有众多岛礁，占中国海岛总数的20%左右。

托克劳群岛　在夏威夷群岛的西南方向有一处由3个珊瑚岛组成的托克劳群岛，陆地面积只有约12平方千米，是世界上最小的群岛。

爱琴海的眼睛——圣托里尼岛

　　如果说爱琴海是一位优雅的仙女，那么圣托里尼岛就是她的眼睛。这个柏拉图笔下的自由之岛，就像映照在碧蓝画布上的一弯明月，散发着耀眼的光辉。圣托里尼有美丽的日落、壮阔的海景，还有诗意的游人。

火山印象

　　圣托里尼岛位于爱琴海基克拉泽斯群岛的最南端，面积约为73平方千米，由3个岛屿组成，风景别致。其中两个岛上有人居住，人口约为1.4万。就是这样宁静的小岛，在历史上曾多次受到火山爆发的摧残。

圣玛丽亚教堂

圣托里尼岛上的教堂很多，而且都很美。其中，有一个建筑风格比较特别的教堂——圣玛丽亚教堂。它建成于19世纪40年代，矗立在蓝色的海边，蓝顶白墙，与周围风景相映成趣，为圣托里尼岛增添了别致的美丽。

伊亚小镇

每当黄昏来临，络绎不绝的游人就会聚集在圣托里尼伊亚小镇，虔诚地静等落日余晖。精致的白色房屋，在海风吹拂下慢慢转动的风车，再加上浪漫唯美的夕阳，使这里充满诗情画意。

红沙滩

圣托里尼岛有世界闻名的红沙滩，该沙滩是游客特别喜欢的旅游景点之一。圣托里尼岛的面积不大，徒步行走就可以到达风景独特的红沙滩。红沙滩沿岸有很多富含铁矿物的深红色岩石，就是它们成就了红沙滩。

黑沙滩

除了艳丽的红沙滩，圣托里尼还有一处黑沙滩。黑沙滩距费拉市很近，深受国内外游客喜爱。它附近的海水受沙滩的影响颜色也是黑的，虽然颜色并不吸引人，但有非常好的美容效果。在炎热的夏季，到清凉的海水中嬉戏一番，既降暑又养颜，一举两得。

桑托酒庄

桑托酒庄位于圣托里尼岛西侧悬崖的中部，是当地著名的葡萄酒庄，盛产多种葡萄酒。在酒庄内，游客不仅可以品尝美酒，还能充分了解葡萄酒的制作工艺。夕阳西下，在海风能吹到的悬崖上品一杯香气浓郁的葡萄酒，想想都会令人心旷神怡。

亚特兰蒂斯书店

被誉为"世界最美十大书店"之一的亚特兰蒂斯书店是文学爱好者的天堂。站在这个书店的阳台上，游客们能俯视圣托里尼火山岛的全景，能遥望苍茫的大海，还能欣赏圣托里尼美丽的夕阳。如果你觉得这些还不够，亚特兰蒂斯书店还能为你提供精彩的话剧演出及露天电影。

 回澜·拾贝

费拉　圣托里尼岛的首府，也是整个海岛的商业和旅游中心，景色异常美丽。该市的旅游业很发达，游人在这里可以十分方便地找到提供旅游服务的旅行社。

火山岛　圣托里尼岛上有一座活火山，曾经多次喷发，摧毁了岛上灿烂的文明。现在它已经变成了旅游胜地。

地中海的美丽传说 —— 西西里岛

意大利的南部海域中有一个自治区，是地中海最大的岛屿，也是地中海商业贸易路线的枢纽——它就是西西里岛。这个有着许多迷人小城的岛屿蕴含着意大利的文化，彰显着地中海文明的无限魅力。

西西里岛

西西里岛面积约为2.5万平方千米，常住人口有500多万。岛上地形多样，以山地和丘陵为主。西西里岛属于典型的地中海气候，夏季炎热干燥，冬季温和潮湿。这里有明媚的阳光和湛蓝的海水，更有众多典雅的古迹。

帕勒摩

西西里岛帕勒摩被歌德誉为"世界上最优美的海岬"。帕勒摩的建筑风格多样，却能很好地融合在一起，令人称奇。帕勒摩是西西里岛的首府，曾居住过古希腊人、古罗马人、拜占庭人、阿拉伯人、西班牙人等具有不同文化和宗教信仰的人，多种文化在此共同繁荣，形成了独特的城市风景。

陶尔米纳

陶尔米纳是西西里岛非常迷人的一个小镇，气质优雅，拥有风光旖旎的沙滩、奢侈豪华的旅馆、时尚潮流的服装设计商店等。分布在小镇不同地方的中世纪建筑及咖啡馆，则使这个背靠悬崖的小镇多了些浪漫的味道。每当夜晚来临，小镇上的万家灯火就会与天上的繁星连成一片，让人仿佛置身于梦幻的世界。

诺 托

被列为世界文化遗产的诺托矗立在西西里岛的东南部。整个小城的建筑以诺托大教堂为中心呈放射状分布，呈现出匠心独运的巴洛克风格。实际上，诺托的早期建筑在17世纪末期的一次地震中全部被毁，人们现在所看到的建筑是灾后一些艺术家和工程师们精心建造的。

神殿之谷

位于阿格里真托小镇的神殿之谷，是西西里岛引人入胜的景点之一。这里的神殿高大雄伟，气势恢宏，被视为古希腊神殿群中的杰出代表。尽管曾经历天灾、战火以及其他破坏，此处的神殿仍然保存得比较完整。人们站在神殿遗迹上，举目就可眺望阿格里真托市区，俯首就能将山谷的片片绿地留在心中。

物产富饶

辽阔富饶的西西里岛气候温暖，为柑橘、柠檬和油橄榄提供了良好的生长条件。沿着海岸漫步，人们可看到大片的柠檬园和橄榄树林。此外，在西西里岛还有很受欢迎的一大特产——血橙。血橙味道鲜美，颜色如血，被当地人视为补血的佳品。

电影取景地

西西里岛风景迷人，是人们心中的梦幻胜地。除了来自世界不同地区的游客对西西里岛心驰神往，一些著名的导演也十分钟情这个神秘的小岛。从赫赫有名的《教父》三部曲到感人至深的《天堂电影院》，留在光影机中的西西里岛永远那么美好，那么优雅。

液体黄金　西西里岛是意大利有名的橄榄油产地。这里生产出来的橄榄油具有保健、美容和食用三重功效，被世人称为"液体黄金"。

多元文化　西西里岛历史悠久，居住人口结构复杂，岛上文化呈多元化的发展趋势。

印度洋上的璀璨明珠 —— 塞舌尔群岛

　　塞舌尔群岛坐落在马达加斯加以北远离非洲东海岸的西印度洋上，是著名的度假胜地。这个由约 100 个大小岛屿组成的群岛，拥有白色的沙滩、茂密的椰林、多种珍稀海鸟、漂亮的热带鱼和特色美食，令人神往。

塞舌尔群岛

　　位列"印度洋三大明珠"之一的塞舌尔群岛面积约为 445 平方千米，属于典型的热带雨林气候。塞舌尔群岛中 50% 以上的地域是自然保护区，风景异常秀美。整个群岛的居住人口在 8.5 万左右。岛上经济并不发达，国民收入很大一部分依赖于旅游业。

维多利亚

　　塞舌尔共和国的首都维多利亚是非洲各国首都中最小的。它拥有优良的天然港口，可以停泊大型船舰，是印度洋著名的中继站。维多利亚虽然贵为首都，但完全没有大城市的喧嚣和浮躁。这里的建筑典雅清新，街道整洁且错落有致，弥漫着迷人的气息。

国家植物园

　　你如果是一个喜爱植物的人，那么到塞舌尔旅游时千万不能错过著名的国家植物园。这个植物园拥有塞舌尔群岛的各种珍稀植物，可以说是塞舌尔自然植物体系的一个缩影。园内的露兜树、兰花和瓶子草等均具有非常高的观赏价值，而闻名遐迩的凤尾兰更是被视为塞舌尔的国花。

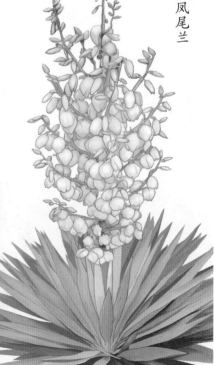

凤尾兰

爱情之树

  塞舌尔有一种叫海椰子树的神奇的棕榈科植物。这种树木高大茂盛，寿命长达上千年。虽然这种树雌雄异株，但它们的树根却在地下相绕相生。倘若一棵椰子树因某种原因死亡，与其相绕相生的另一棵也不会独活。所以，海椰子树也有"爱情之树"的美誉。

黄金坚果

  海椰子树的果实硕大无比，单个重量可达10~30千克。它们的成熟时间相当漫长，通常需要10年。成熟后的果实外壳非常坚硬，甚至能与象牙相媲美。海椰子的果肉细嫩可口，汁液醇香，当地人经常用它们来酿酒。因为生长缓慢，相对稀少，海椰子树的果实售价非常昂贵。

普拉兰岛

　　普拉兰岛是塞舌尔群岛上的第二大岛，岛上高大的棕榈树在清凉的海风中摇曳生姿，漫山遍野的花朵散发着醉人的幽香。环境如此清新醉人，也难怪会孕育出世界闻名的博瓦隆白色沙滩。除了美丽的白色沙滩，普拉兰岛的"五月谷"也是一处非常值得游览的胜地。"五月谷"是世界最小的自然遗产，拥有塞舌尔的国鸟——濒临灭绝的非洲黑鹦鹉。

不可思议的鸟岛

　　塞舌尔的鸟岛是一个不可思议的小岛，岛上椰林丛生，自然条件优越，为许多珍稀鸟类提供了良好的栖息地。每年都会有成千上万只鸟儿迁徙至此，共享美好的时光。另外，鸟岛上有一种体形巨大的塞舌尔象龟，这种龟是恐龙时代的幸存者之一。这种象龟不仅可以观看，还可以骑乘。

回澜·拾贝

　　《侏罗纪公园》　著名科幻冒险电影《侏罗纪公园》的取景地就是塞舌尔群岛。

　　圣保罗教堂　始建于19世纪50年代末的圣保罗教堂是维多利亚的地标性建筑，虽然占地面积不大，却俯瞰着整个维多利亚。

　　消费　旅游业是塞舌尔的第一经济支柱。岛上的粮食、生活用品以及大部分生产资料需要进口，所以岛上的消费水平比较高，物价昂贵。

动植物的游乐场——马达加斯加岛

马达加斯加是非洲东南部的一个岛国，与广阔的非洲大陆遥遥相望，矗立在印度洋的西方。放眼望去，马达加斯加岛满是喜人的葱绿色和橘红色，说它是印度洋鲜艳的标志再合适不过了。

马达加斯加岛

马达加斯加岛是非洲第一大岛，面积约为58.7万平方千米。这里以热带雨林气候和热带草原气候为主，岛上动植物资源十分丰富。马达加斯加的工业基础很薄弱，国民经济以农业为主。正因为如此，岛上的很多风貌比较原生态。现在，旅游业已成为马达加斯加一个重要的发展方向。

猴面包树

还记得动画片《马达加斯加》中那些造型怪异的猴面包树吗？它们可是马达加斯加的国树。据说这种没有年轮的猴面包树是植物界的老寿星，一般可存活上千年。这种像是倒立在土地上的树木非常粗壮，有的直径甚至能达到10米以上。也许因为高大的身形能够给动物们足够的安全感，一些动物如猴子和阿拉伯狗面狒狒特别喜欢在这种树上玩耍。

奇异动植物

马达加斯加岛堪称神奇的动植物博物馆，这里的动植物种类多达20多万种，而且很多物种是地球上其他地区所没有的。例如：拥有回声定位能力的狐猴、外形怪异的长颈象鼻虫、世界最大的彗尾蛾等，在马达加斯加岛都能找到。可是，近年来随着岛上树木的骤减，很多稀有的动物正面临巨大的生存威胁。

圣玛丽岛

马达加斯加东北方向的海域中有一座圣玛丽岛，岛上有很多人梦寐以求的洁白沙滩，有粗壮的棕榈随风摇曳，还有五彩斑斓的珊瑚在海水的映衬下生机盎然地生长。在这里，游人可以潜水，可以充分享受日光浴，还可以看到难得一见的鲸鱼"戏水"表演。

蝴蝶谷

蝴蝶谷是一家私人的动物保护区，距离马达加斯加的首都大约 70 千米。这里有众多的爬行动物、两栖动物和昆虫。值得一提的是，这里的变色龙绝对会让你大开眼界——它们身上的花纹和颜色可以随温度和日光发生变化，而它们的捕食绝技更是令人惊叹。

诺西贝岛

　　诺西贝岛是马达加斯加久负盛名的旅游胜地之一，也是该国最大的海岸岛屿。全岛因为盛产香草、胡椒等香料植物而被人们称为"芳香岛"。诺西贝岛总面积约为 320 平方千米。岛上除了本身具有的各种热带雨林植物，还栽种了很多依兰树。这些能够提炼香料的依兰树来自遥远的亚洲。

马哈赞加

　　马达加斯加的港口城市马哈赞加气候宜人，一年四季几乎都会受到来自莫桑比克海峡海风的吹拂。整座城市布局分明，干净整洁，自然景观十分丰富，具有海滩、岩洞、国家公园等多处特色旅游景点。

　　《马达加斯加》　　2005年，梦工厂推出了一部动画电影《马达加斯加》。这部电影主要讲述了纽约中央公园的动物们逃往非洲马达加斯加岛生活的故事。

　　蓝宝石　　马达加斯加的矿产资源丰富，岛上出产优质的蓝宝石，产量约占全球的20%。

包罗万象的旅游胜地 —— 毛里求斯

与马尔代夫、塞舌尔群岛一样，毛里求斯这个印度洋上的岛国风景优美。它的温馨，它的多情，它的惊艳，足以让你毫不犹豫地携带家人不远万里前去与它约会。

毛里求斯

毛里求斯距离非洲东海岸大约2000千米，总面积约为1865平方千米。整个海岛被珊瑚群环绕，海岸上有绵延150多千米的白色沙滩。毛里求斯地处亚非航道，战略重要性显而易见，因此多次遭受战火的伤害。不过，这也给它带来了很多外来文化，形成了文化差异之美。现在，毛里求斯人普遍使用法语，就连生活习惯也充满法式特色。

路易港

毛里求斯路易港是印度洋上较繁忙的港口之一，来往的各国商船常常在此停泊。路易港附近有专门为游人们开设的码头购物中心。里面有纪念品和服装。除了购物，游人还能在具有多种风味的餐馆里品尝毛里求斯的美食。

鹿岛

从毛里求斯出发，乘船向东行驶约 20 分钟就可到达有名的鹿岛。鹿岛最吸引人的不是清澈的海水，而是让人目不暇接的水上娱乐项目。潜水、冲浪、滑翔伞、玻璃底船、帆船、快艇等，凡是你能想到的水上娱乐项目，这里几乎都有。鹿岛的度假酒店，服务周到，设施完善，远近闻名。

卡塞拉飞鸟公园

卡塞拉飞鸟公园是一个能够充分展示非洲风情和毛里求斯特色的大型野生动物园。园内除了有 160 多种鸟类，还有狮子、袋鼠、斑马、鸵鸟等其他动物。此外，这里还有来自世界不同地区的鸟类的标本陈列室，可以让游客充分了解一些珍奇的鸟类。游客如果非常勇敢，还可以与公园里的狮子进行亲密接触。

七色土公园

七色土公园是毛里求斯著名的景点，也是世界罕见的同时拥有7种不同颜色的泥土的地区之一。虽然这个公园不大，但园内起伏不定的波浪山坡、色彩斑斓的土地一定会让你啧啧称奇。当金色的阳光洒在七色泥土上时，神奇瑰丽的画面顿时让周围翠绿的树木失去颜色。

红顶教堂

毛里求斯最北端的小镇中有一座红顶教堂，是当地非常著名的特色景观。这座教堂由法国人修建，木工精细雅致，充分展现了法式浪漫。红顶教堂与近在咫尺的碧海交相辉映，因而红顶教堂成了很多情侣必去的浪漫之地。

圣水湖

　　安静优美的圣水湖是火山喷发而形成的天然湖泊，湖水清澈见底，湖畔景色优美。圣水湖湖边矗立着一座庄严的寺庙，寺庙与群山、蓝天一起倒映在波光粼粼的湖面，形成了淡雅的美景。

深海钓鱼区

　　每年11月左右是毛里求斯钓深海鱼的最佳时间，因为这时的深海鱼类会聚集在海岛附近捕食。此时，游客可以就地租赁渔船，准备好各种用具，加入钓深海鱼的大军。你如果对自己的钓鱼技术很有信心，还可以参加钓鱼比赛呢！

回澜·拾贝

　　七色土的形成　有地质学家分析，七色土是火山喷发所形成的。火山喷发出来的物质经过氧化就会改变颜色，再加上长期的环境作用，就会形成一个个美丽的波浪纹小山丘。

　　花卉　毛里求斯不仅有多样化的动物，还拥有千姿百态的花卉，是世界上仅次于荷兰的花卉供应国。

　　海底公园　毛里求斯的蓝湾海底公园世界闻名，里面生活着世界上现存的最古老的珊瑚。

印度洋上的一串项链
——马尔代夫群岛

马尔代夫群岛有色彩鲜艳的珊瑚礁、晶莹柔软的沙滩、婆娑的椰子树，堪称海中仙境。马尔代夫的海水清澈碧蓝，沙滩干净洁白，就连蓝天和白云都散发着灵动的气息。很多来到这里的游客会为它的幽然和洒脱所征服。

群岛天堂

马尔代夫群岛靠近赤道，距离斯里兰卡约750千米，由1200多个珊瑚岛、26组环礁串联而成。这些小岛的面积不大，只有部分小岛上有人居住。马尔代夫属于热带气候，没有明显的季节之分，岛上终年绿意盎然。马尔代夫海域里有绚丽多彩的珊瑚礁和多种多样的热带鱼类。独特的气候条件和自然风光让其成为世人皆知的度假天堂。

天堂岛

天堂岛坐落在马累北环礁，长约930米，宽约250米。它四面环海，拥有罕见的珊瑚和其他海洋生物，每年都会吸引大批游客前来。这里的度假村可谓人间天堂，住宿条件一流，有多种让游客流连忘返的水上活动，还有多国地道的美食。

香格里拉岛和卡尼岛

　　香格里拉岛以奢华著称于世。这里有豪华的别墅，有豪华的游艇，甚至还有六星级的度假村。

　　卡尼岛是马尔代夫最幽静的地方。这个"印度洋上的绿洲花园"有一种神奇的魔力，散发着自然之美。

棕榈房和马累鱼市

　　在马尔代夫，常绿的棕榈树非常多见。因为这种树木的叶子中含有大量胶质，当地人常将其树叶晒干制成草帘，然后将它们固定在房顶上。用棕榈建造的房顶不仅防风、防水、抗燃，还能使房屋内非常清凉。

　　马尔代夫的首都马累市有一个鱼市，是当地颇具风情的地方。每天清晨，一船船活蹦乱跳的鱼儿从港口被送达马累广场西面靠近海滩的鱼市。马累鱼市的金枪鱼远近闻名。

回澜·拾贝

　　多尼船　游客如果想驾乘小船在马尔代夫的小岛之间穿梭，有着上千年历史的多尼船是一种不错的选择。这种由椰子树制成的小船独具特色，受到很多游客的喜爱。

岛中天堂——巴厘岛

　　位于印度洋的巴厘岛有"神明之岛""恶魔之岛""花之岛"等美誉，说明了巴厘岛的美艳动人。巴厘岛具有迷人的自然风情和独特的人文艺术。

巴厘岛

　　巴厘岛地处印度洋赤道以南区域、爪哇岛东部，是印度尼西亚的一部分。巴厘岛全岛总面积约为 5630 平方千米，人口约为 390 万。这里是典型的热带雨林气候，日照充足，降水丰富，一年分干湿两季。岛上地势东高西低，有山脉横贯。人们常为岛上明媚的阳光、金色的海滩和清澈的海水所吸引。

库塔海滩

库塔海滩堪称巴厘岛最美的海滩。此处海滩非常平坦，沙质柔软洁白。如果你是一位冲浪或者滑板爱好者，库塔海滩的海浪肯定不会辜负你的期望。海滩附近有热闹的商业街。那里精美的手工艺品、绚丽的民族服装肯定会让你爱不释手。

金巴兰海滩

巴厘岛还有一处风景优美的海滩——金巴兰海滩。这片海滩有美丽的落日，有热情朴实的村民，还有可以充分享受美食的露天海鲜餐厅。当昏黄的落日挂于金巴兰海滩的天际之时，整个海滩仿佛被镀上一层金色，宛如美丽的童话世界。

海神庙

　　始建于 16 世纪的海神庙是巴厘岛重要的海边庙宇。这座海神庙坐落在一块巨大的岩石上。当海水涨潮时，海神庙与陆地就会被海水完全分离；落潮时，它们就与陆地连在一起。传说海神庙是为镇住神龟而修建的，寺庙底部的岩石里还有毒蛇守护。

神　像

　　巴厘岛的宗教文化几乎深入每一个家庭。在这里，不论是繁华的都市，还是宁静的乡村，几乎每家都有神龛。在巴厘岛人心目中，神的形象是千变万化的，可以是动物，也可以是人与动物的结合体。我们现在所看到的岛上姿态万千的神像，多数源自当地人的想象和创造。

乌布王宫

　　乌布王宫是巴厘岛上的一座皇家宫殿。王宫的墙壁上有细致精美的手工雕刻，还有贵气逼人的金箔装饰，非常奢华。每到晚上，王宫内往往会有特色的舞蹈表演，精彩绝伦。虽然乌布王室早已被废除，但他们的后裔仍然居住在这座王宫里。当地人依旧十分尊敬王族后裔。

蓝 点

在巴厘岛的西南海岸上有一处名为乌鲁瓦图的断崖，山崖上有一处人们争相前去的景点，那就是拥有无敌海景的"蓝点"。蓝点的无边游泳池，好似与蓝色的大海相接，散发着令人窒息的美。游泳池旁边是白色的玻璃婚礼教堂。透过玻璃，人们可以遥望浩瀚的大海，感受童话世界中的梦幻、浪漫。

火 葬

巴厘岛有很多特色风俗，其中古老而神秘的火葬仪式尤为特别。受宗教的影响，巴厘岛人以庆祝死亡来表达对生命结束的敬畏。另外，在岛上只有贵族和僧侣才能使用牛形棺木，以彰显他们的身份和地位。巴厘岛人相信，火葬仪式能让死者的灵魂得到升华。

木 雕

　　巴厘岛的木雕制品与它的美景一样闻名世界。巴厘岛上有形态各异的木雕作品。这里的木雕小的仅有手指大，而大的堪比真人，但无论大小，都被雕刻得栩栩如生。据统计，巴厘岛大约有5000个家庭作坊从事木雕、蜡染、绘画等传统的手工艺生产。其中，玛斯是当地有名的木雕中心。

　　罗威那海滩　宁静的罗威那海滩拥有个性的黑色沙滩，是巴厘岛的热门旅游地之一。每天黎明时分，这里的海豚会集体外出觅食，上演壮观的海豚表演。

　　圣泉寺　巴厘岛圣泉寺已经有1000多年的历史了。巴厘岛人认为，圣泉寺里的泉水具有消灾减祸的功效，如果有人能够用泉水淋浴，则预示着该人将会获得财富。

　　德格拉朗梯田　在巴厘岛德格拉朗一带分布着很多梯田，这些梯田在高大的椰树和雄伟的火山点缀之下形成了独树一帜的田园风光。

 # 海洋赐给人类的礼物 —— 普吉岛

　　普吉岛是世界知名的热带观光胜地。这里有迷人的海岛风光、古老的建筑，还有完善周到的服务，因此受到了游客的青睐。另外，形式多样的节日活动、丰富多彩的夜生活，也是美丽的普吉岛的重要组成部分。

普吉岛

　　普吉岛位于泰国南部的安达曼海，是泰国著名的旅游和商业中心。普吉岛周边有30多个离岛，商业开发比较成熟，海滨娱乐项目繁多。普吉岛地处热带，气候温暖湿润。每年的11月份到次年的3月份是普吉岛的旅游旺季。这期间，普吉岛天气良好，阳光、海水与沙滩完美组合，景色非常优美，吸引了世界不同地区的游客争相到访。

皇帝岛

　　皇帝岛虽然是普吉岛中较晚开发的岛屿，却有着其他岛屿没有的精致景色。这里的沙滩纯净无污染，且位置相对独立，还拥有奢华的配套服务，因此很多欧美游客喜欢来这里享受悠闲的假期。皇帝岛的自然风貌保持得非常完好，即使在该岛被开发期间，也没有遭到破坏。与普吉岛相比，皇帝岛更显幽静，是休养身心的好地方。

皮皮岛

　　作为泰国的国家公园，皮皮岛拥有其他海岛不具备的自然风光和优雅气质。皮皮岛有柔软的沙滩、宁静的海水，更有自然赐予的天然洞穴。丰富多彩的珊瑚礁及其他鬼斧神工的自然风貌，让皮皮岛脱颖而出，成为该地区久负盛名的旅游胜地。不仅如此，皮皮岛周围的海域还是绝佳的潜水场所。

芭东海滩

　　距离普吉镇约 15 千米的芭东海滩是普吉岛上开发最完善的海滩。白天，人们为这里清澈干净的海水和柔软的沙滩所吸引，纷纷相聚在此共享美景；夜晚，众多特色餐馆、夜总会及度假村灯火辉煌可让游客尽情感受海滩夜生活的丰富多彩。

幻多奇乐园

　　幻多奇乐园是泰国很受欢迎的旅游景点之一，被誉为"泰国的迪斯尼"。在这个文化娱乐类主题公园内，游人不仅可以欣赏传统的泰国文化与高科技相结合的表演，还能品尝当地的特色美食。为了给游客们留下美好的回忆，幻多奇乐园专门准备了具有创意的纪念品。

查龙寺

查龙寺是普吉岛比较大的佛教寺庙之一，融合了泰国本土的多种建筑风格，华丽异常。寺庙里供奉着两位受人敬重的僧侣塑像，还有一个包含 108 尊金像的佛堂，特别吸引人。

栲帕吊国家公园

栲帕吊国家公园位于普吉岛的北部，距离普吉镇约 22 千米，是普吉岛最后一片完整的原始热带雨林。在这里，游人可以观赏到十分稀有的动植物，体验奇趣的露营生活。另外，通赛瀑布的周围有许多飞禽和动物，其中长臂猿最受游人喜爱。

水族馆 靠近普吉岛码头有一座水族馆。它是当地著名的海洋生物研究中心，馆内有多种热带鱼，还有可以近距离接触这些鱼类的地下隧道。

宝石之岛——斯里兰卡岛

富饶的斯里兰卡是一个岛国，拥有丰富的自然遗产和迷人的文化氛围。香味浓郁的香料，俯视苍生的古城神殿，充满生机的各种生物……让这个备受大自然恩宠的岛屿散发着恒久的魅力。

斯里兰卡岛

斯里兰卡岛位于南亚次大陆南端的印度洋中，形如一滴眼泪，东面是孟加拉湾，西南方向是马尔代夫群岛。它接近赤道，属于热带季风气候，温暖湿润，适合旅游观光。斯里兰卡岛面积约为 6.56 万平方千米，岛上高地很多，分布着较多宝石矿脉。

遍布宝石

斯里兰卡是世界著名的宝石之岛，已经有2500多年的宝石开采历史，宝石种类多达22种，散布在河床、湿地、农田等处。斯里兰卡南部的拉特纳普勒是当地著名的宝石矿区，以出产蓝宝石著称。

高跷垂钓

斯里兰卡南部海域鱼类资源丰富，吸引了许多人前去垂钓。人们通常会攀坐在竖直插在水中的木棍上，静等鱼儿上钩。这种传统的钓鱼方法叫"高跷垂钓"。高跷垂钓的渔竿特别简单，只要是能缠结渔线的木棍即可，渔线的另一端是类似鱼饵的白色鱼钩。在"鱼饵"的诱惑下，不明所以的鱼儿们会很快上钩。

狮子岩

你如果去斯里兰卡旅游，一定要去世界闻名的狮子岩。这座构筑在橘红色巨岩上的空中宫殿是斯里兰卡的奇景。登上这座宫殿，你就会明白为什么它被视为人类建筑史上的一大奇迹。狮子岩高近 200 米，顶部看起来只是一块普通的大石，但大石背部隐藏着一座花园宫殿。它是由摩利耶王朝的一位国王建造的。以当今的建筑技术来看，这项工程仍然不可思议。

康提湖

　　康提湖位于斯里兰卡的中部城市康提，曾经是一片巨大的稻田，经过人工挖掘才成为今天风景宜人的湖泊。康提湖周边长满茂盛的花草树木，郁郁葱葱，形似天然的凉棚。康提湖之于康提就好比西湖之于杭州，是其灵魂所在。

佛牙寺

　　康提湖的北畔是神圣的佛牙寺，寺庙里供奉着释迦牟尼的牙舍利。康提有一个传说，即"得佛牙者得天下"，所以佛牙寺在斯里兰卡人心目中的地位特别崇高。佛牙寺的安保级别很高，几乎所有到访游客都要接受严格的安检。寺庙对于游客的着装也有严格的要求，穿着过于裸露的游客禁止入内。每天这里都会迎来大批朝圣者。

大象孤儿院

距离斯里兰卡首都科伦坡约3个小时车程的品纳维拉，有一座大象孤儿院。20世纪70年代，斯里兰卡野生动物局为收养那些在丛林中失去母亲的幼象，特地建立了这所大象孤儿院。为了减少政府的财务负担，大象孤儿院会定期开放，以向游客募捐。在此，游客可以观看大象表演，并与它们进行亲密接触。

回澜·拾贝

茶之国 斯里兰卡的经济以农业为主，主要出口锡兰红茶，是世界三大产茶国之一。

科伦坡 科伦坡是斯里兰卡的首都，也是世界著名的人工海港。它地理位置优越，风景秀美，素有"东方十字路口"之称。

康提 康提曾是斯里兰卡的首都和佛教圣城。虽然随着时代的变迁，它的政治地位已经大不如前，但其宗教影响力依然很大。1998年，康提被联合国教科文组织列为世界遗产地。

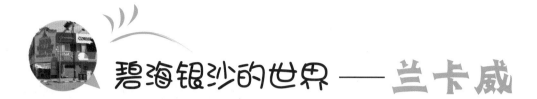

碧海银沙的世界 —— 兰卡威

作为马来西亚引以为傲的海滨度假胜地，兰卡威用它美丽的自然风光和悠久的历史征服着来自世界不同地区的游人。这个充满神话色彩的地方，是令人向往的旅游胜地。

兰卡威

兰卡威由将近 100 个石灰岩岛组成，是马来西亚最大的群岛。它地处马六甲海峡，面积约为 526 平方千米。经过多年努力，兰卡威凭借其独特的自然资源着重发展旅游业，已经成为马来西亚著名的旅游景点。

真浪海滩

　　真浪海滩是兰卡威非常热闹的公共海滩，有很多前来游玩的人。他们身穿不同的服装，体验多种海上运动项目。在沙滩附近的公路两旁有很多商店、餐厅和酒吧，还有价格低廉的酒店和服务场所，为来此游玩的人提供很大的便利。

天空之桥

　　2004 年 10 月，兰卡威的天空之桥建成。这座总长约为 125 米的圆弧状大桥是兰卡威的地标性建筑。天空之桥的主体是钢结构，桥身由高 87 米的支柱支撑，由钢缆牵引，被吊在高空中，特别壮观。游客可以在桥上远眺兰卡威的美景。

巨鹰广场

兰卡威海边有个广阔的巨鹰广场。这个广场上矗立着一座鹰塔,迎风展翅的巨型雄鹰被视为兰卡威的新地标。巨鹰广场内有优美的喷泉、清澈的湖泊,还有别致的小桥和回廊。每当夜色来临,这里就会聚集很多来欣赏海边夜景的游客。

芭雅岛海洋公园

芭雅岛海洋公园是一个别致的海中乐园,被珊瑚礁环绕。园内海洋生物种类繁多,不少濒临灭绝的海洋生物在这里得以生存。芭雅岛海洋公园包括芭雅岛、赛干丹岛、兰布岛和卡加岛。在所有的岛屿中,芭雅岛无疑是最受欢迎的,因为它周边的海域适合多种娱乐活动。

瓜 镇

　　瓜镇是兰卡威的一个特色商业小镇。近年来，随着兰卡威旅游业的蓬勃发展，瓜镇的发展也迎来春天。瓜镇拥有很多免税店和手工艺品中心，传统商业特别繁荣。镇上林立着很多餐馆，马来风味和印度风味的美食在此都能品尝到。古朴的房子，价格实惠的商品和美食……瓜镇的一切都令人回味。

七仙井

　　兰卡威的西北角有一处地理奇观——七仙井。七仙井中倾泻而下的瀑布被山体分成了7段，每段瀑布的下面还有一个水潭。游人可以在水潭里沐浴、嬉戏，十分惬意。山体和水潭周围有大片森林，绿意盎然，空气清新。传说天上的仙女们曾来这里的水潭沐浴、嬉戏。

回澜·拾贝

　　丹绒鲁海滩　丹绒鲁海滩是兰卡威非常美丽的海滩。退潮时，丹绒鲁会与其他小岛连成一片，游人可以步行穿过海上岛，是非常独特的体验。

　　雕刻画　兰卡威的雕刻画是马来西亚一种纯手工雕刻的传统工艺品，画面生动逼真，是大受游客们欢迎的旅游纪念品。

　　兰花香水　马来西亚盛产兰花系列香水。这种香水芳香持久，品质优良。

太平洋上的神奇仙境——塞班岛

靠近赤道的塞班岛是北马里亚纳群岛中的一员，这里没有明显的四季之分，只有绿意盎然的夏天。塞班岛虽然曾经历过残酷的战争，但依旧风景如画。有人用天生丽质来形容它，也有人用风情万种来赞美它。实际上，任何一个深情的词语都不足以诠释出它的美。

塞班岛

塞班岛地处太平洋的西部，面积约为185平方千米，属于典型的热带海洋气候。岛上人口约有4.8万。塞班岛的服装加工业与旅游业是其重要的经济支柱，其中旅游业的优势非常明显。

蓝洞

塞班岛东北角的蓝洞是全岛最著名的潜水胜地，曾被《潜水人》杂志评为世界第二的洞穴潜水点。这里的石灰岩经海水的长期侵蚀，形成了一个47米的深洞。柔和的光线透过海水照进洞内，使整个蓝洞透出淡蓝色的光泽，特别唯美。蓝洞不仅是潜水者的最爱，也是许多热带鱼的栖息天堂。五颜六色的鱼儿与周围的环境共同构成了一个多姿多彩的海底世界。

军舰岛

军舰岛位于塞班岛西侧中部外海，被绿色的植被覆盖，远远望去犹如一座翡翠色的城堡。岛四周环绕着银白色的沙滩，纯净的海水下是五彩斑斓的珊瑚礁。如此梦幻的一个小岛却是二战时期的美日战场。乘坐上潜艇，游客可以到水下探索日本战舰的残骸。

喷水海岸

塞班岛的喷水海岸是世界五大奇景之一。这里分布着大大小小的礁石，礁石上有形状各异的洞穴。当海浪拍击礁石的时候，海水就会从礁石的小洞喷出，形成一道道壮观的水柱。这些白色的水柱与鲸鱼喷水十分类似，非常震撼。

鸟 岛

塞班岛的北部有一个由石灰岩构成的小岛，岛上栖息着上百种鸟类，被人们称为"鸟岛"。涨潮时，鸟岛就会变成一座孤岛，与塞班岛相隔咫尺。退潮时，鸟岛与塞班岛相连的部分就会显露出来。想观鸟的游客可以在退潮时登上鸟岛，近距离一睹鸟儿们的芳容。

丘鲁海滩

　　丘鲁海滩盛产一种星沙，沙粒比普通的沙子小，带有棱角，像闪亮的星星。当地人认为，星沙象征着坚贞的爱情和幸福的婚姻，所以情侣们对此地情有独钟。相传，只要能在这片海滩上找到八角星沙，就能得到幸运之神的眷顾。

卡梅尔山天主教堂

　　宏伟气派的卡梅尔山天主教堂矗立在塞班岛东部的海岸上。这座古老的教堂原本建于塞班被西班牙殖民统治时期，但遗憾的是，它在第二次世界大战期间遭到战火的摧毁。现在人们看到的教堂是战后重建的。即便如此，这座教堂仍然透露出一种古朴的美感。

回澜·拾贝

　　娱乐　塞班岛是很多潜水者眼中的圣地，但人们来塞班岛不仅可以潜水，还可以进行丛林探险、水上降落伞、冲浪、钓鱼等活动。

　　军舰岛由来　第二次世界大战期间，美军为争夺制海权，出动战机轰炸日本战舰，结果夜色茫茫，美军战机竟然将小岛当成日军战舰进行了狂轰滥炸。军舰岛的名字便由此而来。

散落在太平洋上的宝石

——夏威夷群岛

烟波浩渺的太平洋上散落着这样多颗"宝石"——它们历经战争的沧桑，接受着岁月的洗礼，更为自然之神所眷顾。独特的海岛风光、绝佳的地理位置、原始的文化气息都是这些"宝石"的代名词。这几颗"宝石"合在一起，就是纯净美与历史美兼具的夏威夷群岛。

夏威夷群岛

位于北太平洋中部的夏威夷群岛是因火山喷发而形成的，由130多个形态各异的岛屿构成，总面积约为1.66万平方千米。夏威夷群岛是由美洲去往澳大利亚以及远东地区的必经之地，也是太平洋重要的交通枢纽，被誉为"太平洋的十字路口"。

夏威夷岛

夏威夷岛是整个群岛中面积最大的岛屿，面积几乎占了群岛面积的2/3。岛上气候多变，风光无限。来这里的游人既能到夏威夷国家火山公园欣赏难得一见的火山，又能尽情体验滑雪的乐趣，还能在碧蓝浩瀚的海洋上冲浪。

瓦胡岛

瓦胡岛是夏威夷州的首府火奴鲁鲁的所在地，也是夏威夷州人文和经济中心。岛上风景优美，自然资源丰富。因为这里生产的檀香木曾被运送到中国，所以中国人习惯将火奴鲁鲁称为"檀香山"。许多名人与檀香山有着不解之缘，如中国革命家孙中山先生在此创立了兴中会。

威基基海滩

瓦胡岛的威基基海滩是夏威夷海滩的典型代表。这里沙滩洁白细致，海水宁静开阔，恍若人间仙境。岛上的豪华酒店、热情好客的当地人以及海面上缓缓驶过的邮轮等，都会让你感觉出威基基海滩的灵气。游人漫步在这片太平洋的梦幻沙滩上，心中难免会滋生眷恋之感。

毛伊岛

　　夏威夷群岛有一座令冲浪和帆板爱好者痴狂的水上乐园——毛伊岛。毛伊岛周围的海水清澈透明，海中的热带鱼类和珊瑚清晰可见。在岛屿上，人们可以看到白色、黄色及黑色海滩，甚至还可以看到绿色海滩。它们与清澈透明的海水相映成趣，俨然是一幅幅美丽的画卷。毛伊岛上共有81处可供使用的沙滩——这是它被评为"世界上最美岛屿"的重要原因。

亚利桑那纪念馆

　　第二次世界大战期间，日军为从美军手中夺取制海权，对美军的太平洋海军基地珍珠港发动了猛烈突袭。在这次事件中，美军的战舰"亚利桑那"号不幸被击沉，至今仍残留在海底。为了纪念牺牲的海军将士，美国人在这艘战舰的沉没处修建了亚利桑那纪念馆。

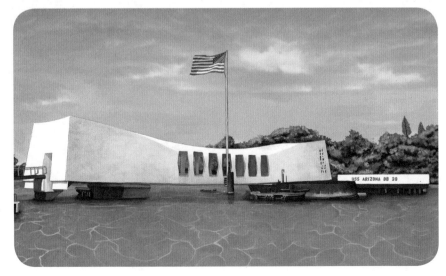

草裙舞

夏威夷除了有让人过目不忘的美景，还有热情火辣的草裙舞。这种舞蹈充分彰显了夏威夷人民的热情和好客。草裙舞最初是波利尼西亚人向神灵表达敬意的一种舞蹈，现在已经变成了当地人迎接远方来客的欢迎之舞。你如果对真挚热烈的草裙舞有兴趣，可以到当地的培训学校学一学。

草裙舞的由来

夏威夷群岛的火山很多，历史上频频喷发。波利尼西亚人为了消除恐惧，向当地人认为掌管火山的女神表达敬意，便编排出了草裙舞。

库克 真正使夏威夷群岛为世人所知的是著名的探险家库克船长，他于 1778 年登上夏威夷群岛。

季节 夏威夷一年只有两个季节，即夏季和冬季。夏威夷气温在 14℃~32℃，气候宜人，非常适合度假。

中国宝岛——台湾岛

　　美丽富饶的台湾岛是中国东南沿海上的一颗明珠，素有"宝岛"之称。它虽然面积不大，但自然资源十分丰富，滨海美景众多。浓厚的海洋气息、多元的文化、挑动味蕾的食物……每一项都具有独特的台湾风情。

台湾岛

　　台湾岛地处中国东南沿海大陆架，东临太平洋，南与菲律宾隔海峡相望。台湾岛面积约为3.6万平方千米，是中国第一大岛。岛上多山地、丘陵，海拔差异较大。因为拥有热带季风和亚热带季风两种气候，岛上的自然景观千变万化。目前，台湾岛人口在2300万左右，主要有汉族和高山族。

宝岛资源

台湾岛具有丰富的水力、森林、渔业资源。另外，台湾岛的宝石闻名遐迩，如花莲的翠玉就凭借其纯正的色泽位列世界名玉前茅。

水果之乡

良好的气候为台湾岛的种植业创造了优越的自然条件。这里的水果种类繁多，脆甜的莲雾、美味的杧果、爽口的凤梨及阳桃、火龙果、番石榴等，均有出产。至于入口青涩却令人回味悠长的槟榔，更是深受游人欢迎的水果。

日月潭

日月潭是台湾最大的天然湖泊，面积约为7.73平方千米，深约21米。日月潭是中国著名的高山湖泊之一，四面环山，水质清澈，湖中间有一座天然小岛。日月潭周围矗立着许多可以远眺全潭的名胜，如文武庙、玄奘寺、孔雀园等。它们与日月潭浑然一体，形成了迷人的风景。

101 大楼

101大楼位于台北市，是台北的地标性建筑。101大楼分为地上101层和地下5层，拥有购物中心、观景餐厅、室内观景室和室外观景台等，每8层为一组独立的空间。楼内安装着两部高速电梯，从1楼到89楼的观景台只需要不到40秒。每当夜晚来临，闪耀的灯光就会为大楼穿上漂亮的外衣。

清水断崖

　　台湾花莲县的东北部有一长约12千米的路段。该路段蜿蜒曲折，像镶嵌在断崖之上。公路下面是波涛汹涌的海水，既惊险又壮丽。人们把这段公路所在的断崖称为"清水断崖"。清水断崖的平均高度在800米左右，多为绝壁，气势雄伟。断崖一侧的太平洋波澜壮阔，无论是驾车还是步行于这段公路上，人们心中都会满溢豪迈之情。

七星潭

　　七星潭是台湾岛著名的风景区，范围很广，靠近太鲁阁公园等多个旅游景点。七星潭的岸边铺满大大小小的砾石，特别适合人们捡石踏浪。站在砾石滩上，人们远远就能望到雄伟的清水断崖。夜晚，景区的万家灯火亮起，涌起的浪花拍击着海岸，安然美好。

垦 丁

屏东县的垦丁是台湾的"天涯海角"，三面环海，风貌景观多样，动植物种类繁多，是台湾热门观光胜地之一。这里有龙銮潭、风吹沙、白沙湾公园等景点。这里的景观具有多样性，有沙瀑、钟乳石洞、崩崖，有热带雨林稀有植物和种类繁多的昆虫、蝴蝶等。

清境农场

清境农场坐落在台湾岛中部的群山之中，是展现台湾乡土文化的世外桃源。清境农场景色如画，气候温和。与一般的东方农场不同，清境农场的风格和气息颇具欧洲风情。农场内有游乐区、畜牧业中心和广阔的草原，游人在此可以尽情享受田园乐趣。

野柳地质公园

　　野柳地质公园位于一个狭长的岬角上，分布着许多因海浪侵蚀、岩石风化等地质作用而形成的奇特景观。这些景观形态各异，造型别致，让人叹为观止。野柳地质公园中还栖息着大量的海鸟，它们也是园内的一大景观。

夜　市

　　你如果去台湾旅游，一定要逛一逛拥有各种小吃的夜市。台湾的夜市遍布大街小巷，以台北夜市最为出名，而士林夜市则是台北夜市的典型代表。士林夜市比较平民化，囊括了台湾的多种美食。夜晚来临，华灯一一亮起，士林夜市常常被人潮挤得水泄不通。

回澜·拾贝

　　阿里山　台湾嘉义市以东的阿里山风景区气候温和，草木茂盛，是台湾著名的避暑胜地。

　　民俗　台湾民俗与大陆有着不可分割的联系，每逢春节、端午节和中秋节等传统节日，岛民都会举行不同形式的庆祝活动。

　　茶　台湾的茶叶种植很发达，形成了别具一格的饮茶文化。工夫茶、泡沫红茶、珍珠奶茶等非常受人们欢迎。

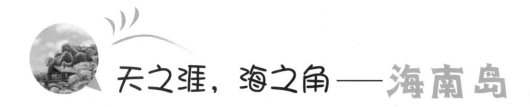

天之涯，海之角——海南岛

　　海南岛是中国南海上的一颗明珠。由于独特的地理环境，海南岛既有碧海蓝天的浪漫，又有热带雨林的外衣，再加上绵延起伏的群山，简直就是世外桃源。

海南岛

　　海南岛面积约为 3.22 万平方千米，是中国第二大岛。海南岛属于海洋性热带季风气候，全年降雨量充沛，干湿季明显。岛上地形多样，山地、丘陵、平原均有分布。全岛共有汉、黎、苗、回等 30 多个民族，其中以黎族和苗族的生活习俗最具特色。作为中国的热带海岛，海南岛的自然环境是它最大的优势。

亚龙湾

　　亚龙湾距离三亚市很近。这里阳光灿烂，水温全年保持在 20℃ 以上，非常适宜游泳。与开发较早的三亚湾相比，亚龙湾最大的优势就是沙质细软，游人可以尽情地在上面嬉戏、漫步。这里建有许多高档度假酒店，部分大酒店还有自己的私家沙滩供人游玩。

热带森林公园

位于三亚市东南方向的亚龙湾热带森林公园是国际一流的旅游度假区。这里不仅有郁郁葱葱的热带植物，还有鸟鸣虫唱的醉人环境，拥有几十处新奇景观。在这个恍若天堂的地方，你可以丢掉烦恼，甩开忧愁，全身心地感受大自然的魅力。

蜈支洲岛

坐落在三亚市北部海棠湾内的蜈支洲岛是海南岛的附属岛屿，素有"中国第一潜水基地"的美誉。岛上淡水资源丰富，拥有超过 2000 种植物。虽然这个小岛只有约 1.48 平方千米，但其清新的空气、海边林立的礁石、洁白细软的沙滩、碧蓝的海水等景观无不让人着迷。

情人桥
Lover Bridge

南山文化旅游区

　　南山文化旅游区是海南岛著名的佛教文化园区。这里有高达 108 米的海上观音雕像、气势恢宏的南山寺、十方塔林、归根园等，能让你充分感知佛教文化的魅力。屹立在大海上的观音雕像是整个景区的瑰宝。

天涯海角

　　说到海南的旅游名胜，就不得不提"天涯海角"。这个背对马岭山、面朝茫茫大海的风景区，奇石林立，其中刻有"天涯""海角"的两块巨石傲视着水天一色的世界。周边有一根石柱拔地而起，上刻"南天一柱"4 个大字，呈现出擎天之势。

五指山

　　五指山是中国的名山，也是海南岛的象征。它位于海南岛中南部，海拔约为 1867 米。作为全球保存较为完好的热带雨林之一，五指山林区遍布热带原始森林，林区内有 600 多种形态各异的蝴蝶，且多为观赏性蝴蝶。五指山有如此多的优点，难怪会有"不到五指山，不算到海南"的说法。

　　鹿回头公园　海南岛最南端的生态公园，距离三亚市只有约 5000 米，是海南观看日出的上佳去处。

　　红树林　海南岛北岸长 10 多千米的海滩上长满红树林。这片红树林对当地生物多样性的保护具有重要作用，是中国第一个红树林自然保护区。

　　黎族　黎族民俗文化颇具特色，拥有非常精湛的织锦工艺。

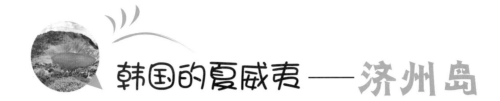

韩国的夏威夷——济州岛

素有"韩国夏威夷"之称的济州岛不仅自然风光十分秀美，还拥有许多博物馆和主题公园，自然风情与传统文化相得益彰。

济州岛

济州岛是韩国最大的岛屿，位于朝鲜半岛的南部海域，面积约为 1825 平方千米。济州岛是由火山喷发形成的，地貌比较奇特，岛上拥有不少丘陵、瀑布、悬崖和溶洞。济州岛四面环海，冬季干燥多风，夏季潮湿多雨。正是如此多样的地形和特殊的气候造就了大放异彩的济州岛。

城山日出峰

海拔为 182 米的城山日出峰形成于大约 10 万年前的一次海底火山爆发。它坐落在济州岛的南端，顶部是巨大的火山口。火山口由 99 块尖石围绕，像一顶巨型王冠。这座山峰的西北是草坪山脊，游人在峰顶欣赏完日出后，可以到草坪上散步、骑马。春天的时候，山峰周围的油菜花盛开，这里就会变成一个黄灿灿的世界。

汉拿山

海拔约为 1950 米的汉拿山是韩国最高的山峰，其名字意为"能拿下银河的高山"。汉拿山的山顶有一个因火山爆发而形成的白鹿潭。山上覆盖着多种绿色植被，空气清新，景色出众。汉拿山的景色在一年四季中千变万化，各不相同。2010 年，汉拿山被认定为"世界地质公园"。

涉地可支

涉地可支是济州岛东部海岸上的一处景观。"涉地"是该地区古时的名称，"可支"意为向外突出的地形。这处景观坐落在一处悬崖上，周围是一片宽阔的草地。每年4月份，涉地可支的油菜花就会盛开。它们与矗立的灯塔融为一体，尽显和谐之美。游客登上雅致的灯塔后，就可以将壮丽的景色收入眼底。

牛 岛

济州岛东部海域的牛岛是当地具有代表性的旅游景点之一，因形状如卧牛而得名。牛岛周长约为17千米，岛上有近1800名居民，主要从事渔业和农业。牛岛地势平缓，拥有韩国唯一的珊瑚沙海水浴场。该海水浴场的海水五彩斑斓，好似没有调和的美酒，充满海滨风情。

泰迪熊博物馆

　　济州岛的泰迪熊博物馆里收集着世界不同地区生产的玩具熊。馆内的玩具熊再现了 20 世纪人类历史上的一些重大事件，包括福特汽车的出现、第二次世界大战、人类登陆月球、香港回归等，几乎每个事件都会有相对应的玩具熊。这个博物馆里形态各异的小熊们可是一些韩剧的宠儿，在许多影视剧中出现过。

琉璃城堡

　　济州岛有一个浪漫梦幻的主题公园——琉璃城堡。它包含 6 个主题馆，收藏着众多的玻璃作品，其中不乏玻璃迷宫、玻璃钻、玻璃墙、镜子湖水等世界首创经典之作。除了参观，游客还可以在专业人员的帮助下充分体验制作玻璃工艺品的乐趣。

回澜·拾贝

　　民俗文化　济州岛在古代曾经是一个独立的王国，至今仍保留着独有的风俗习惯与文化传统。现在，这种民俗文化已经成为当地重要的旅游资源。

　　特产　柑橘、鲷鱼、巧克力是济州岛的特产。其中，味道酸甜、果肉饱满的柑橘尤为著名。

　　花节　济州岛有两大花节，分别是油菜花节和樱花节。每年春天，两大花节会吸引众多游客前来，当地会举行盛大的庆祝仪式和活动。

平静优雅的栖息之所 —— 塔希提岛

塔希提岛又名"大溪地"，是南太平洋法属波利尼西亚群岛中最大的岛屿。这里有秀美的热带风光、清澈的海水，还有舒服适宜的气候。海滩、绿树、珍珠以及具有玻璃底的游艇，都是它令人着迷的理由。

大溪地

大溪地是波利尼西亚的政治和经济中心，总面积约为 1000 平方千米。从空中俯瞰，优雅的大溪地就像一尾游鱼，自在地畅游于碧海之上。大溪地的环境清新自然，岛上工厂很少，经济以传统农业为主，盛产椰油、蔗糖和香草。

赖阿特亚岛

赖阿特亚岛是波利尼西亚第二大经济、文化中心和航海基地，一直是当地人心目中的圣岛。这里不仅保留着很多历史遗迹，还有如梦似画的风景，令人难以忘怀。

茉莉雅岛

茉莉雅岛又叫"莫雷阿岛"，是塔希提岛的姐妹岛。这座火山岛的面积约为132平方千米，呈三角形，岛上有起伏的山峰和翠绿的树木。在茉莉雅岛，游客可以潜水、冲浪、划独木舟，或者到度假村与海豚共舞，抑或在白沙滩上散步……绝对会令人留下一段难以忘记的经历。

塔哈岛

　　远离尘嚣的塔哈岛是大溪地非常著名的香草之岛。大溪地约 50% 的香草产自这个香气四溢的神秘岛屿。来到这里，你可以体验香料的制作工艺。塔哈岛还有一个绝佳的环礁湖，潜水爱好者们只要将船舶稳靠，就能带着轻便的潜水设备去湖内探寻五彩斑斓的珊瑚花园。

假日出租房

　　在大溪地，你如果住不惯酒店，不妨去看看温馨舒适的假日出租房。当地居民在多年以前就开始把他们装修过的房子短期出租给到访的游客。出租房既有小木屋和公寓，也有高端别墅。与酒店相比，假日出租房性价比高，可以让游客免受一些不必要的打扰。

黑珍珠

　　美丽的大溪地还是黑珍珠的产地。这里的黑珍珠非常珍贵，素有"珠中皇后"的美誉。大溪地黑珍珠来自一种养殖的蚌。这种蚌对生长环境的要求很高，每100个蚌只有约50个能成功培育出珍珠，而在这50颗珍珠中，称得上完美无瑕的只有5颗左右。所以，大溪地黑珍珠非常珍贵。用大溪地黑珍珠制作出来的饰品，奢华典雅，深受女性的喜爱。

水 疗

　　在大溪地一些度假酒店旁，通常分布着水疗和休闲中心。游客可以到那里放松疲惫的身心，享受纯粹的沐浴和按摩。传统的波利尼西亚按摩是当地传统医学的一部分，通过手和肘的力量对身体施加压力，能够充分放松人的身心，赶走疲惫。

 回澜·拾贝

　　手工艺　　大溪地有许多手艺精湛的工匠。他们自由发挥灵感，雕刻出来的东西古朴自然，很有艺术性。现在大溪地每年都会举办多场手工艺展会。

　　美食　　大溪地的美食大都与水果和蔬菜有关，如面包果、椰子、香蕉、杧果等配上香草豆荚，就是鲜美可口的甜点。

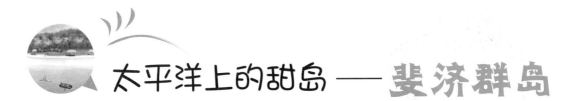

太平洋上的甜岛 —— 斐济群岛

斐济群岛处处彰显着南太平洋的风情。千百年来，斐济的自然景观几乎没有变化，所以斐济也被人们赋予"完美无损的伊甸园"的美誉。

斐济群岛

斐济群岛由 320 多个岛屿组成，多为珊瑚礁环绕的火山岛，面积约为 1.83 万平方千米。斐济群岛属于典型的热带海洋性气候。岛上有高耸入云的椰林、细柔洁白的沙滩，清澈见底的海中还有形状奇特的珊瑚礁和灵动的鱼儿作点缀。这里已成为人们心中理想的度假胜地。

金银岛

你如果去斐济度假，那么风景宜人的金银岛绝对是值得去的地方。金银岛的海床很低，海水几乎是透明的。游客在这里潜水时，不用携带笨重的专业潜水设备就能充分体验奇妙的海底世界。金银岛的设施齐全，游客可以根据自己的需要选择相应的娱乐活动，比如浮潜、皮划艇等。

长寿之国

斐济国民普遍长寿，与他们良好的饮食习惯有很大关系。斐济人不仅偏爱富含维生素和微量元素的荞麦，还喜欢用杏干佐餐。这两种食物均有很好的抗癌作用。另外，海产品也是他们保持健康的法宝，可以降低很多慢性病的发病率。

除了均衡饮食，斐济人还有一个长寿秘诀，那就是积极向上的生活心态和乐观从容的时间观念。斐济人从不认为争分夺秒是一种好的生活方式。相反，他们认为惬意地享受时间更有乐趣。在斐济，游客常常可以看到身穿民族服装、脸抹油彩、拿着吉他自弹自唱的斐济人。

高尔夫

在斐济，人们最钟爱的运动不是冲浪，也不是帆板，而是高尔夫。斐济人将高尔夫视为一种全民运动，高尔夫在他们的日常生活中必不可少。正是因为当地人对高尔夫如此狂热，才会有维杰·辛格这样的世界名将出现。为了发展这项体育运动，斐济几乎在每座岛上都设有高尔夫练习场。

沙巴马尼亚湿婆庙

在斐济第二大岛南迪岛上，矗立着沙巴马尼亚湿婆庙，它是斐济最大的印度教神庙。这座湿婆庙不仅拥有悠久的历史，还发展出独特的岛国文化。游客在参观这座神庙的时候，衣着应该得体，以示尊重。

特色民俗

在斐济，普通村民是没有权利戴帽子的，只有村主任才享有这项特权。你也不能随意抚摸别人的头，不然会被视为对他人的一种侮辱。斐济最令人讶异的民俗莫过于岛上的男人出行时可以头戴鲜花，身穿裙子。你如果在斐济看到穿着裙子执行公务的交警，可千万不要太过惊讶哟！

沙笼

斐济人把裙子叫作"沙笼"。在很多正式场合，无论是官员还是平民男子，都要身穿"沙笼"以示尊重。

回澜·拾贝

苏瓦港 斐济是太平洋上重要的交通枢纽，首都苏瓦的港口可以停靠万吨巨轮。

海洋生物的梦幻王国 —— 大堡礁

　　位于澳大利亚东北部近海的大堡礁是世界上最大、最长的珊瑚礁群，被誉为"世界七大自然景观"之一。早在 1981 年，它就被列入世界自然遗产名录。

大堡礁

　　大堡礁北起托雷斯海峡，南至南回归线附近，绵延 2000 多千米，最宽处达 200 千米。这个巨型礁群包括 3000 多个岛礁，覆盖面积达 34.4 万平方千米。在神奇的大堡礁中栖息着数以万计的海洋生物。大堡礁以其美丽的风光每年都吸引着世界各地的人们前来游览。

形 成

　　澳大利亚东北海域水温平稳，全年保持在 22℃ ~28℃，而且此处海水水质清澈，非常适合珊瑚虫繁衍。当珊瑚虫死去后，它们的遗骸逐渐堆积起来，经过数百万年的积累，形成了让人称奇的大堡礁。

生物博物馆

　　被称为"全世界最大的珊瑚礁群"的大堡礁是一个丰富多彩的巨大的生态系统。湛蓝的海水和千奇百怪的珊瑚礁为 1500 多种鱼类、近 4000 种软体动物提供了舒适的生活环境。各个岛礁以其独特的环境优势吸引了近 30 万只海鸟在这里安家。另外，大堡礁这个海洋创造的生物博物馆还是很多濒危物种的栖息地。

格林岛

　　大堡礁海域的格林岛是一座非常美丽的岛屿，周围环绕着洁白的沙滩，岛上长满青翠的树木，充满大自然的气息。格林岛上有一个观测站。在这里，游人可以尽情欣赏五彩斑斓的珊瑚和千奇百怪的热带鱼。

海中胜景 ▶▶▶

赫伦岛

赫伦岛附近海域是大堡礁有名的潜水地。这座长 800 米、宽 300 米的小岛吸引了许多鸟来此越冬。另外，赫伦岛海域生活着蝴蝶鱼、天使鱼、鹦鹉鱼等热带鱼以及十分珍贵的绿海龟。当游客潜入温暖清澈的海水，被多种生物环绕的时候，他们仿佛置身于绚丽多彩的万花筒之中。

海曼岛

海曼岛是澳大利亚非常著名的私人度假岛屿。17 世纪以前，海曼岛只是一个牧场。后来，这座美丽的小岛被英国的探险家发现。20 世纪 50 年代左右，一名富商买下了海曼岛，开始兴建度假村。经过数十年的发展，这里已经成为世界级的旅游胜地。

汉密尔顿野生动物园

　　汉密尔顿野生动物园位于汉密尔顿岛的中心，园内有考拉、袋鼠、蜥蜴、火鸡、鳄鱼等多种动物。这里可以为游客提供近距离观察动物的机会，还会每天安排固定的时间让考拉与参观者合影留念。

回澜·拾贝

　　威胁　大堡礁的生态系统十分脆弱。人类过度地捕捞鱼类，采摘贝类、珊瑚和进行海参贸易等，让大堡礁面临着严重的生态威胁。

　　《大堡礁海洋公园法》　1975 年，为保护大堡礁的生态系统，澳大利亚政府颁布了《大堡礁海洋公园法》。这项法律的实施对大堡礁的生态和文化保护均有重要意义。

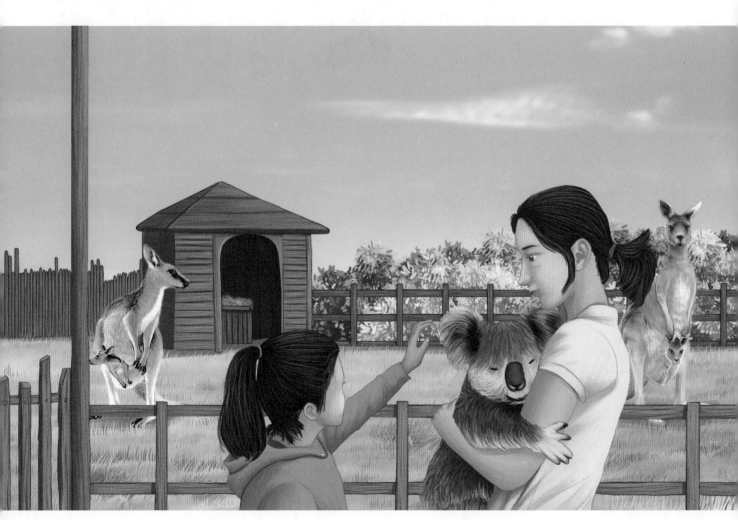

图书在版编目（CIP）数据

海中胜景 / 盖广生总主编 .—青岛：青岛出版社，2016.10
（认识海洋丛书）

ISBN 978-7-5552-4675-6

Ⅰ.①海… Ⅱ.①盖… Ⅲ.①海洋－普及读物 Ⅳ.① P7-49

中国版本图书馆 CIP 数据核字 (2016) 第 230511 号

书　　　名	海中胜景
总 主 编	盖广生
出版发行	青岛出版社（青岛市海尔路 182 号，266061）
本社网址	http://www.qdpub.com
邮购电话	0532-68068026
策　　划	张化新
责任编辑	黄　锐　张文健
美术编辑	张　晓
装帧设计	央美阳光
制　　版	青岛艺鑫制版印刷有限公司
印　　刷	青岛嘉宝印刷包装有限公司
出版日期	2019 年 4 月第 2 版　2020 年 9 月第 4 次印刷
开　　本	20 开（889 mm × 1194 mm）
印　　张	8
字　　数	160 千
图　　数	180 幅
印　　数	23001-27000
书　　号	ISBN 978-7-5552-4675-6
定　　价	36.00 元

编校印装质量、盗版监督服务电话：4006532017　0532-68068638
本书建议陈列类别：科普／青少年读物